"无人机检测与维护"
1+X职业技能等级证书配套教材

U0210265

无人机检测与维护

初 级

北京优云智翔航空科技有限公司　组织编写

化学工业出版社

·北京·

内 容 简 介

本书根据教育部公布的《无人机检测与维护职业技能等级标准》中对初级部分的要求编撰而成，是以相关知识点系统学习为基础，着重于无人机检测与维护的职业技能培训、考核和评价。

本书内容主要涉及维护维修基础知识、基本工具的使用和多旋翼无人机的检测与维护三个方面。维护维修基础知识侧重于讲述对无人机的定期保养和维护方法；基本工具的使用主要是让操作者熟悉无人机维护和维修常用工具，并能进行简单的维护维修；多旋翼无人机的检测与维护主要是介绍多旋翼无人机的基础知识，以及动力装置和无线传输系统的维护和维修。

本书是"无人机检测与维护"1+X职业技能等级证书配套教材，可作为高职高专院校及应用型本科院校的无人机相关专业的教学用书，也可作为从事无人机检测与维护的相关技术人员的参考用书。

图书在版编目（CIP）数据

无人机检测与维护：初级/北京优云智翔航空科技
有限公司组织编写 . —北京：化学工业出版社，2021.12
（2024.6重印）
"无人机检测与维护"1+X职业技能等级证书配套教材
ISBN 978-7-122-39969-4

Ⅰ.①无… Ⅱ.①北… Ⅲ.①无人驾驶飞机-检测-
职业技能-鉴定-教材②无人驾驶飞机-维修-职业技能-
鉴定-教材 Ⅳ.①V279

中国版本图书馆CIP数据核字（2021）第194259号

责任编辑：葛瑞祎 韩庆利　　　　　　　　装帧设计：刘丽华
责任校对：宋 夏

出版发行：化学工业出版社（北京市东城区青年湖南街13号　邮政编码100011）
印　　装：大厂聚鑫印刷有限责任公司
787mm×1092mm　1/16　印张8½　字数204千字　2024年6月北京第1版第4次印刷

购书咨询：010-64518888　　　　　　　　　　售后服务：010-64518899
网　　址：http://www.cip.com.cn
凡购买本书，如有缺损质量问题，本社销售中心负责调换。

定　　价：48.00元

"无人机检测与维护" 1+X 职业技能等级证书
配套教材编审委员会

前言

随着国内无人机行业的兴起，针对日益增多的无人机飞行活动和监管需求，北京优云智翔航空科技有限公司（以下简称：优云智翔）于2015年起率先提出无人机动态平台云监管概念，首次搭建了无人机动态运行监管平台，面向无人机驾驶员、无人机企业以及无人机监管部门等提供信息化解决方案，专注于低空航空器政策研究、低空航空器信息化设备研发，以及低空航空信息系统建设等。

2020年，获得教育部批准，优云智翔承接了"无人机检测与维护"职业技能等级证书试点项目的组织实施工作。优云智翔针对无人机检测与维护职业岗位要求，组织了相关院校、行业企业、科研机构等共同制定了职业技能等级标准并通过了教育部批准。本书依据教育部公布的《无人机检测与维护职业技能等级标准》，结合无人机检测与维护的基础知识及大量实践技能案例项目编撰而成，主要面向农业、工业、传媒、交通、运输、建筑、遥感、能源、水利、环保、安全、应急等应用领域中的无人机检测与维护岗位。

本书内容主要包括以下三个方面：维护维修基础通用工作的实施、无人机机械维护维修操作和多旋翼无人机的检测与维护。本书的理论知识及技能实施课程安排合理，通过培训后的学生可以按照产品使用手册对无人机系统及任务载荷进行必要的安全检查，并依据无人机使用手册完成无人机日常的保养、维护和维修工作。

本书由北京优云智翔航空科技有限公司组织编写。在编写过程中，优云智翔与国内众多专家学者和业内资深人士进行了深入交流和讨论，并有针对性地采纳和吸取了他们的观点和建议。在此特别感谢中国航空器拥有者及驾驶员协会（中国AOPA）、山东电子职业技术学院、齐鲁工业大学（山东省科学院）、山东省科学院菏泽分院、莱芜职业技术学院、云南体育运动职业技术学院、北方天途航空技术发展（北京）有限公司、昆明得一航空科技有限公司等的大力支持。

限于编者水平有限，书中不妥之处在所难免，恳请读者批评指正。

北京优云智翔航空科技有限公司
2021年6月

目录

项目 1
维护维修基础通用工作的实施

 项目描述

➤ 项目引入

　　正确记录维护维修档案是航空运营人员的基本要求。维护主要是指无人机的日常保养，维修主要是指无人机零部件的更换和维修。本项目主要是通过维护维修基础通用工作的实施，强化安全防护知识，使操作者具备正确记录和整理相关档案的技能。

➤ 知识、技能分解思维导图

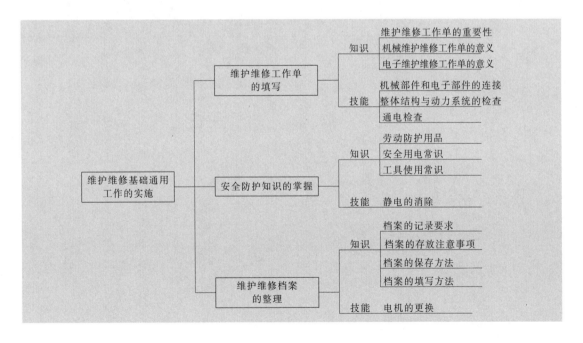

➤ 素质培养——职业精神

　　维护维修单的填写、安全防护知识的掌握以及维护维修档案的整理是无人机检测与维护的基础通用工作，也是后续操作的前提工作。千里之行始于足下，面对基础性工作，学习者应该掌握基本常识，并规范工作单的填写和档案的整理，自觉遵守相关要求，并按标准进行操作，做到认真细致、精益求精。

➤ 任务提出

无人机操作人员在开始操作无人机之前，需要首先查阅无人机的登记文件和特许适航文件，才能开始正常使用无人机。如同汽车一样，无人机也是需要进行保养和维修的，同时需要建立无人机维护档案，以便加强无人机信息管理，加强无人机技术状态的全面管控，实现无人机装备全系统全寿命的科学维护管理。

知识与技能要点记录：

任务 1.1　维护维修工作单的填写

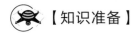 【知识准备】

1.1.1　维护维修工作单的重要性

正确填写维护维修工作单是无人机检测与维护过程的关键。维护维修工作单主要的作用是为无人机的安全保驾护航。维护指的是定期对无人机的机械部件和电子部件进行保养，比如电机轴承、减震部件等，而维修主要是指无人机零部件的更换。

维护维修被定义为无人机的保养和检修，包括零部件的定期保养和零部件的更换等。只有被正确维护维修的无人机才是一架安全、可靠的无人机。另外，正规和正确的维护维修能够确保无人机在它的运行寿命期内满足可接受的适航标准。

不同类型的无人机维护要求不同，经验表明，无人机每飞行20h或者更少就需要某种类型的预防性维护，至少每50h进行一次较大的维护。维护时间主要受运行类型、气候条件、保管设施、机龄和无人机结构等的影响。

此外，合理地选择维护维修工具是维护维修工作顺利进行的必要条件，维护维修人员应仔细检查无人机各零部件的工作情况，并按照维护维修工作单选择相应工具。

1.1.2　机械维护维修工作单的意义

在无人机系统中，存在大量的机械结构，这些结构主要是对无人机机体提供支撑作用。机械结构维护的好坏在一定程度上决定了无人机的安全，因此做好无人机机械部分的维护工作显得十分重要。机械维护维修工作单的制订需要根据自有无人机的机械结构、飞行环境和材料特性等因素综合考虑。

机械维护维修工作单的填写主要涉及无人机的机械结构，所以要对常用无人机的机械结构有基本的认知。常用无人机的主要类型有固定翼无人机、无人直升机和多旋翼无人机。下面分别对其机械结构进行介绍。

（1）固定翼无人机机械结构

固定翼无人机的机械结构有机身、机翼、尾翼、发动机座和起落架等，如图1-1所示。固定翼无人机的飞行主要通过控制舵面来实现飞行姿态的改变，而舵面的控制主要通过机械连接结构来实现，因此在飞行前安全检查中，需确保舵面的正确安装和连接。

（2）无人直升机机械结构

无人直升机的机械结构有主旋翼、尾桨、起落架、机身、传动装置和动力装置等，如图1-2所示。

（3）多旋翼无人机机械结构

多旋翼无人机的机械结构有中心板、支架、电机座和旋翼等，见图1-3。

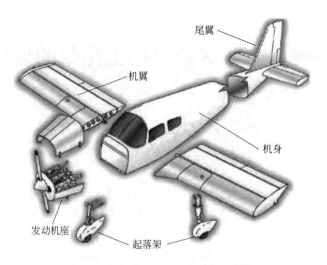

图 1-1　固定翼无人机的部分机械结构

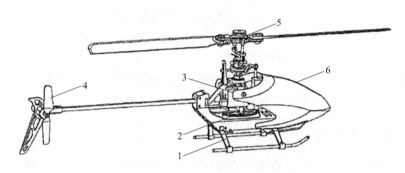

图 1-2　无人直升机的部分机械结构

1—起落架；2—传动装置；3—动力装置；4—尾桨；5—主旋翼；6—机身

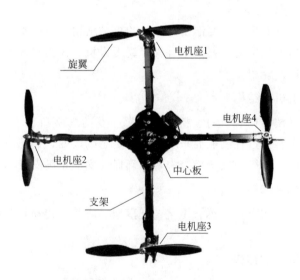

图 1-3　多旋翼无人机的部分机械结构

1.1.3　电子维护维修工作单的意义

在无人机系统中，存在电机、电调、GPS、气压计和飞控等大量电子设备。由于电子设备在使用过程中可能会出现设备故障或者老化等问题，因此需要及时对其进行维护。

无人机上电子设备的好坏决定了飞行的安全性。如果电子设备出现故障，对于手机等日常消费品来说，可以进行重启等操作来修复，但是对于空中的无人机而言，很可能面临坠机的风险。现在市面上无人机基本靠操作者自身进行维护，没有像汽车产业一样，形成完整的售后保障体系。目前，虽然无人机产业快速发展，但是相应的保障体系还远远未建立起来，因此对无人机使用者而言，掌握基本的电子设备的维护维修技能显得十分重要。

【任务实施】

1.1.4　无人机机械部件与电子部件的连接

本节以常用多旋翼无人机为例，通过简单介绍无人机动力部分的连接操作，来了解基本的机械部件和电子部件的连接，见表 1-1。

表 1-1　无人机机械部件与电子部件连接的操作步骤及说明

操作步骤	操作说明	示意图
1	螺旋桨的安装：选取合适的螺钉，并涂抹螺纹胶	
2	螺旋桨的安装：用内六角工具将螺旋桨安装到电机上	
3	电机的固定：将电机座固定到机臂上	

续表

操作步骤	操作说明	示意图
4	电机的固定：用螺钉将电机底座固定	
5	将电机与电调用香蕉头进行对应插头的连接，并提前确定好电机的转向	
6	将电调信号线连接到飞控端口，将电源并联到电源模块（PMU）	
7	将飞控和GPS等设备进行相应连接	

1.1.5 维护维修工作单的填写——整体结构与动力系统的检查

无人机整体结构与动力系统检查项目见表 1-2，请按照此表内容进行检查并填写检查结果。

表 1-2 无人机整体结构与动力系统检查项目

检查项目	检查内容	检查结果
机体外观	逐一检查机身、机翼等有无损伤,尤其是修复过的地方应重点检查	
连接机构	机臂与机身连接件的强度应正常,连接机构部分有无损伤	
执行机构	逐一检查固定螺钉等有无损伤、松动和变形	
螺旋桨	有无损伤,紧固螺栓是否拧紧	
电池	逐一检查飞行器电池、相机电池、遥控器电池是否有充足电量	
机载天线	接收机、GPS、飞行控制等机载设备的天线是否安装牢固,接插件是否连接牢固	
起落架	外形应完好,与机身连接是否牢固	
飞行器总体	重心位置前后左右平稳,无人机落地姿态是否平稳	
检查人签字		

1.1.6 维护维修工作单的填写——通电检查

无人机通电检查项目见表 1-3,请按着此表内容进行检查并填写检查结果。

表 1-3 无人机通电检查项目

检查项目	检查内容	检查结果
机内线路	线路应完好、无老化,各接插件连接牢固,线路布设整齐,无缠绕	
相机及相机舱	快门接插件连接牢固,线路布设整齐无缠绕,减震机构完好,相机完好	
地面站设备	地面站设备运行应正常	
信号干扰情况	罗盘及其他机载设备工作状态是否正常,有无被干扰现象	
遥控器	发射通道设置正确;遥控通道控制正常,各摇杆开关响应(方向、量)正确;遥控开关响应正常;遥控器的控制距离正常;遥控和自主飞行控制切换正常	
飞行控制系统	检查 GPS 定位、卫星失锁后的保护设置;检查机体静态情况下的陀螺零点;转动飞机(偏航、侧滚、俯仰),观察陀螺仪、加速度计数据的变化;检查高度、空速传感器的工作状态	
检查人签字		

【任务测评】

1. 以自有多旋翼无人机为例,简述维护维修工作单填写的内容。
2. 简述通电检查的内容。

任务反馈:

任务 1.2　安全防护知识的掌握

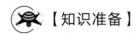【知识准备】

1.2.1　劳动防护用品

劳动用品是在生产工作中保护员工不受伤害的第一道防线，是搞好安全生产、维修、飞行工作中至关重要的一道安全屏障，是减少职业伤病和伤亡事故的防护性装备。

无人机的操作以及日常维护维修同样离不开劳动防护用品。劳动防护用品种类及使用方法见表1-4。

表 1-4　劳动防护用品种类及使用方法

名称	图　示	作　用	使用方法
安全帽		安全帽是保护人身安全、防止发生事故的重要安全防护用品之一，任何人进入生产现场，必须佩戴安全帽。安全帽主要有塑料、橡胶、玻璃、胶纸、防寒和竹藤安全帽等	在维修或加工车间工作时，为防止意外重物坠落击伤、生产中不慎撞伤头部，操作人员应按要求佩戴安全帽。使用安全帽时应认真检查帽壳、帽衬、帽带、锁扣等，确保无损伤或无开线。应在10～50℃范围内使用，避免存放在酸性、碱性、高温、日晒、潮湿等场所
护目镜		在无人机各种管件的切割、打孔以及焊接零部件时，应按要求佩戴护目镜，用以保护作业人员的眼睛、面部，防止外来伤害	佩戴前应检查有无破损，及佩戴装置的松紧情况；每次使用后应清洁与消毒。佩戴时应使用双手戴上，并调节松紧度。摘除时捏住靠近头部或耳朵的一边再摘掉，然后放入回收容器内
防护鞋		为防止重物意外坠落砸伤脚部，或使用用电设备时使人体与地面绝缘，防止电流通过人体与大地构成通路对人体造成电击伤害，工作人员都应按要求穿着防护鞋	选择适合的型号，切忌在雨、雪天穿用。存放时，应保持防护鞋整洁、干燥，并上好鞋油，自然平放

1.2.2 安全用电常识

① 认识电源总开关，学会在紧急情况下关断总电源。

② 不用手或导电物（如铁丝、钉子、别针等金属制品）去接触、探试电源插座内部。

③ 不用湿手触摸电器，不用湿布擦拭电器。

④ 电器使用完毕后应拔掉电源插头；插拔电源插头时不要用力拉拽电线，以防止电线的绝缘层受损造成触电；若电线的绝缘层脱落，要及时更换新线或者用绝缘胶布包好。

⑤ 发现有人触电要设法及时关断电源，或者用干燥的木棍等不导电物将触电者与带电的电器分开，不要用手去直接救人。

⑥ 不随意拆卸或安装电源线路、插座、插头等。

⑦ 使用中发现电器有冒烟、冒火花、发出焦煳的异味等情况，应立即关掉电源开关，停止使用。

⑧ 使用结束或离开时切断电器电源。

1.2.3 维护维修工具的使用常识

只有安全、正确地使用维护维修工具，才能保证维护维修工作的顺利进行。使用电动工具时，应按照使用标准进行操作，防止意外发生。

电动工具使用注意事项如下：

① 保持工作场所清洁。切勿在杂乱的工作场所中或工作台面上使用电动工具，杂乱的工作场所与工作台面最容易发生意外。

② 重视工作场所的环境。不可在阴暗和潮湿的地方使用电动工具；电动工具不可淋雨；避免在有可能存在可燃气的场所使用电动工具。

③ 不可让无关人员接近，不可随意触摸工具或电源连接导线。

④ 电动工具不用时，应存放在干燥、无有害气体和腐蚀性物质的地方，应安排专人进行保管。

⑤ 不可超负荷使用工具。必须在工具规定的负荷容量内进行使用，才可获得安全良好的使用效果。

⑥ 适当使用电动工具。不可用小型电动工具去加工本应使用大型电动工具加工的工件，不可使用用途不对的电动工具。

⑦ 使用电动工具应注意着装。不可穿宽松的服装，因为宽松的衣服极有可能被高速旋转的刀具缠住而发生意外；在户外工作时宜戴橡胶手套，并穿没有破洞的胶鞋；留长头发的人应扎好头发，戴好帽子；身体不可接触接地的金属体。

⑧ 使用护目镜。碎屑多且有灰尘时，宜戴口罩，并应始终戴着护目镜。

⑨ 不要踩踏导线。不可拖着导线移动工具，或拉着导线拔出插头等，避免使导线触及高热物体及尖锐金属边缘或沾碰油脂。

⑩ 使用夹钳固定要切、削、转的工件。

⑪ 工作时，必须保持正确的姿势，必须站稳，不可伸手越过工具取物及加工。

⑫ 注意工具的保养。刀具必须时常保持锐利的状态以得到良好的加工性与安全性；应按照规定对配件进行润滑与更换；定期检查导线是否完好，延长接地导线如有破损，应立即换新；工具手柄要保持干燥清洁，不沾油脂。

⑬ 电动工具在不用时或进行保养、换夹具或刀具时，一定要拔下电源插头。

⑭ 防止意外启动。将插头插入电源插座以前，须检查电动工具的开关是否关着。

⑮ 在户外使用电动工具时，一定要采用户外专用的延长导线。

⑯ 工作时须保持头脑清醒，专心致志地进行工作，疲劳时不应使用电动工具。

⑰ 在使用电动工具之前须仔细检查工具的防护盖或其他部分是否有损坏。检查所有可移动的部分是否在正确位置，必须固定的部分是否固定等；不可勉强用不灵活的开关启动工具。

⑱ 不得任意拆卸带有防护罩、防护盖的电动工具。

⑲ 长期搁置不用的电动工具，在使用前应使用500V兆欧表测定金属体与绕组间的绝缘电阻，并检查电动工具的外观是否完好，经检查合格后方可使用。

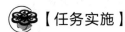【任务实施】

1.2.4 静电的消除

在无人机维护和维修操作中，静电会对无人机本身造成比较大的危害，掌握消除静电的具体方法和步骤显得十分重要，见表1-5。

表 1-5 静电的消除

操作步骤	操作说明	示意图
1	进入操作室之前，用手触摸消除静电的装置	
2	戴好绝缘手套	

续表

操作步骤	操作说明	示意图
3	穿好防护服	
4	在操作台上铺好静电贴	
5	离开操作室时,再次触摸消除静电的装置	

 【任务测评】

1. 简述万用表测量电压的具体步骤。
2. 简述消除静电的方法。

任务反馈:

任务 1.3　维护维修档案的整理

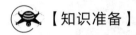【知识准备】

1.3.1　档案的记录要求

无人机维护维修档案是保证无人机维护维修质量的重要依据，便于跟踪无人机维修质量，提高维修水平，及时发现质量问题，避免重复性维护维修，能够使无人机处于良好的状态。

填写要求如下：

① 由专人按无人机维护维修档案的填写标准填写。

② 档案表应及时填写，不得晚于 1 个工作日。

③ 填写内容要求完整、规范，不得缺项。

④ 填写内容准确无误。

1.3.2　档案的存放注意事项

维护维修档案有助于操作者及时了解无人机的使用情况以及维护维修情况。无人机维护维修档案是每架无人机必不可少的记录。为了能更好地保存无人机的维护维修档案，应遵守以下维护维修档案的管理制度：

① 档案存放要有序，查找方便，应做好六防工作，即防盗、防火、防潮、防鼠、防尘、防晒，保持档案存放处清洁卫生。

② 不准损毁、涂改、伪造、出卖档案，档案资料如有损坏应及时修补。

③ 根据档案的内容、性质和时间等特征，对档案进行分类整理、存放、归档，按内容和性质确定其保存期限，电子档案要及时备份。

④ 各小组负责人对本部门使用的档案资料的完整性、有效性负责，在现场不得存有或使用失效的文件、资料。

⑤ 各小组每半年对档案进行一次核对清理，并将所保存的档案整理后交办公室统一归档。已经到保管期限的文件资料，由办公室按规定处理。

⑥ 无人机维修实行责任到人制度，应对更换及保养维护无人机设备的记录表进行签字存档。

⑦ 档案的借阅必须办理规定手续，借阅者对档案的完整性和整洁情况负责，未经许可不得擅自转借复印。

1.3.3　档案的保存方法

(1) 档案装具的排放要求

① 整齐一致，横竖成行。如果箱、架、柜大小样式不同，应适当分类，尽可能做到整齐统一。

② 避光通风。在有窗库房内，档案装具排列应与窗户垂直，以避免阳光直射；在无窗

库房内，档案装具纵横均可，但应注意不能有碍通风。

③ 充分合理利用空间。架（柜）之间的主要过道宽度一般为 1～1.2m，一般过道宽度为 0.8m 左右。所有装具均不应紧靠墙壁。

为了便于库房内档案的管理和存取方便，所有装具应按某一排列走向和顺序依次编列号（排号）、栏架号、格层号（箱号），其号码一律采用阿拉伯数字。编号原则是：自档案库（室）门口起从左至右编箱、架、柜号，每个架（柜）的栏也从左向右编号，每栏的格自上而下编号（如果没有栏，则自上而下编格号）。

(2) 档案排列方法

档案一般是按卷宗进行系统排列。卷宗排列方法有两种：一是卷宗顺序排列法，这种方法对库房空间和卷宗实体的安排比较方便；二是卷宗分类排列法，这种方法对卷宗的系统管理和卷宗的信息控制较为有利。

对于特殊载体的档案，可根据档案制成材料的不同，将纸质档案和其他特殊载体档案（如照片、录像带等）分库存放、排列。在同一种载体内，通常按卷宗排列，即一个卷宗内的档案集中在一起存放、排列，但应在卷宗指南、案卷目录说明中有所交待，并在卷宗末尾放置参数卡片，指明存放地点，以保持应有的联系。

(3) 档案存放方式

档案存放方式有竖放、平放、卷放和折叠四种。

① 竖放保管　竖放方式如图 1-4 所示，是目前采用比较广泛的一种方式，其优点是检查和存取案卷比较方便。装订成卷（册）的档案、盒装档案和照片档案，一般应采用竖放方式。

图 1-4　竖放保管

② 平放保管　平放方式如图 1-5 所示，虽然存取不太方便，但对保护档案有利，平放适用于珍贵档案和不宜竖放的档案。

③ 卷放保管　卷放方式如图 1-6 所示，即将档案以张（件）或套（卷）为单位，按照

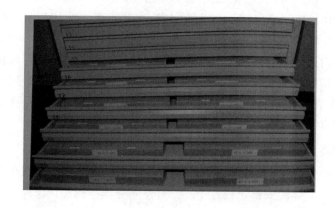

图 1-5　平放保管

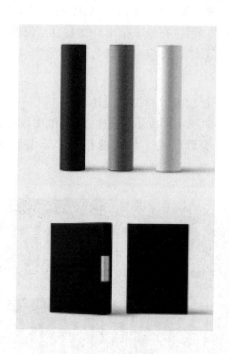

图 1-6　卷放保管

分类排列次序，卷成圆筒，放进特制的纸质、金属筒内或柜箱中，卷放适用于大幅面的题词、字画、底图等。

④ 折叠保管　折叠方式如图 1-7 所示，就是将一些纸质较好、机械强度较高、幅面较宽的图纸档案以 A4 图纸幅面大小为标准折叠（装订或不装订），放进卷盒、夹内或柜中。折叠后的图标标题栏要露放在右下角，以便查阅。由于图纸折叠的关系，每个卷的右边较厚，左边较薄，装订时要加进一些厚纸衬，以保持案卷的平整美观，规格一致。如果案卷不装订，折叠时不必留装订线，图纸折叠后便可直接放进卷盒或夹内。

图 1-7　折叠保管

1.3.4　维护维修档案的填写方法

对无人机进行维护和维修，需注明故障状态、故障原因、时间、维护维修人员信息和详细更换步骤，以便后续使用人员了解本架无人机的相关信息，记录表示例如表 1-6 所示。

表 1-6　维护维修记录表示例

故障状态：

故障原因：

时间：＊＊年＊＊月＊＊日

维护维修人员：＊＊

操作步骤	操作说明	示意图
1		
2		
3		
⋮		

【任务实施】

1.3.5　维护维修档案填写示例——电机的更换

电机更换的操作说明及步骤见表 1-7。

表 1-7　电机更换的操作说明及步骤

故障状态：电机停转，造成无人机无法起飞

故障原因：电机进水，造成电机短路，烧坏电机

时间：＊＊年＊＊月＊＊日

维护维修人员：＊＊

操作步骤	操作说明	示意图
1	拆下螺旋桨，将其放置在工作台上	
2	使用螺钉旋具拆开电机与电机座处的连接螺钉	
3	将电机线与电调连接线的香蕉头拔开	

续表

操作步骤	操作说明	示意图
4	更换新电机	
5	重新将电机与电调连接,并测试其旋转方向	
6	使用紧固工具将电机与电机座重新连接好,并将螺纹胶注入螺钉	
7	安装螺旋桨	

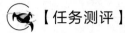【任务测评】

1. 简述档案的保存方法。
2. 根据维护维修档案的填写方法，制作螺旋桨更换的记录表。

任务反馈：

项目 2
无人机机械维护维修操作

 项目描述

➤ 项目引入

　　无人机系统机械部分的维护维修水平在一定程度决定了飞行安全。无人机在长时间飞行过程中会产生大量的震动，震动会直接影响连接件的牢固性和机体的完整性，因此，对无人机的机械维护显得十分重要。无人机系统的机械维护维修主要分为两部分：一是定期检查，检查机械结构是否存在安全隐患；二是对易损部件进行及时更换。

➤ 知识、技能分解思维导图

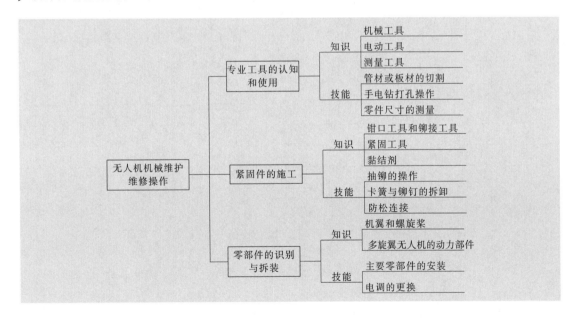

➤ 素质培养——工匠精神

　　无人机机械工具使用的熟练程度在一定程度上决定了无人机维护维修的好坏。古人说"工欲善其事，必先利其器"。在无人机机械维护维修中，定期检查安全隐患和及时更换易损部件十分必要，是保证无人机顺利工作的必要条件。在此过程中，操作者应该一丝不苟，着眼于细节，不放过一丝隐患；应该严谨细致，确保每个部件的质量。

➤ 任务提出

为了能够更好地、快速地进行无人机零部件的检测与维护，应首先认识无人机各零部件及配件，并能正确使用无人机各种专业维修工具。本项目将对无人机专业机械工具的使用及无人机各零部件的拆装进行讲解。

知识与技能要点记录：

任务 2.1　专业工具的认知和使用

【知识准备】

2.1.1　机械工具

(1) 斜口钳

斜口钳又称偏口钳，钳口有刀刃，刃口薄而锋利，如图 2-1 所示。斜口钳主要用于剪切导线、元器件多余的引线。

斜口钳的刀口可用来剖切软电线的橡胶或塑料绝缘层。钳子的刀口也可用来剪切电线、铁丝。剪 8 号镀锌铁丝时，首先用刀刃绕表面来回割几下，然后只需轻轻一扳，铁丝即断。常用的斜口钳有 150mm、175mm、200mm 及 250mm 等多种规格。

图 2-1　斜口钳

斜口钳使用注意事项：

① 禁止剪粗钢丝、粗铁丝及较硬的物品。

② 禁止敲打或用作撬棒。

③ 使用时，尽量避免对准身体，防止打滑伤人。

④ 用完后清理脏污，并涂油保养，可以防止刀口老化、氧化。

(2) 剥线钳

剥线钳如图 2-2 所示，是电工、修理工、仪器仪表工常用的工具之一，用来剥除电线头部的表面绝缘层，使电线被切断的绝缘外皮与电线分开，从而达到剥线目的。

图 2-2　剥线钳

使用时首先拨动压线钳的锁止拨片，使剥线钳能够张开，找到与所剥电线粗细最接近但比电线粗度略小的剥线孔，将电线放入剥线孔，选择好要剥线的长度，握住剥线工具手柄，将电线夹住，缓缓用力，慢慢剥落电线外表皮。电线外表皮被切断后，用手或虎钳将切断的电线外表皮剥下即可完成剥线。此时电线中间金属部分整齐露在外面，而其余绝缘塑料部分完好无损。

剥线钳使用注意事项：

① 手柄上的胶套用于增加使用舒适度，不能防电，也不能用于带电作业。

② 剥线钳为剥线专用，不能剪切其他物品，如导线、钢丝等。

③ 剥电线外表皮时要注意选取合适的剥线孔位，切割时要保证不损伤内部导线，外部表皮切口平直。

④ 选取剥线长度要合适，争取一次剥线完成。

⑤ 使用完毕注意拨回锁止拨片，闭合钳口。

⑥ 要经常给钳子上润滑油，以延长其使用寿命。

(3) 电工刀

电工刀也是一种切削电线的工具，如图 2-3 所示。普通的电工刀由刀片、刀刃、刀把、刀挂等构成。不用时，把刀片收缩到刀把内。刀片根部与刀柄相铰接，其上带有刻度线及刻度标识，前端有螺丝刀刀头，两面加工有锉刀面区域，刀刃上具有一段内凹形弯刀口，弯刀口末端形成刀口尖，刀柄上设有防止刀片退弹的保护钮。电工刀的刀片汇集多项功能，使用时只需一把电工刀便可完成连接导线的各项操作，无需携带其他工具，具有结构简单、使用方便、功能多样等特性。

图 2-3 电工刀

用电工刀剥削电线绝缘层时，可把刀略微翘起一些，用刀刃的圆角抵住线芯。切忌把刀刃垂直对着导线切割绝缘层，因为这样容易割伤电线线芯。导线连接之前应把接头导线上的绝缘层剥除。用电工刀切剥时，刀口应避免切割线芯。电工刀的刀刃部分要磨得锋利才能更好地剥削电线，但也不可太锋利，太锋利容易削伤线芯，而磨得太钝，则无法剥削绝缘层。

电工刀使用注意事项：

① 电工刀没有绝缘保护，禁止带电作业。

② 避免使用电工刀切割坚硬的材料，以保护刀口。

③ 刀口用钝后，可用油石将其磨削锋利。如果刀刃部分损坏严重，可用砂轮磨削，但需防止退火。

(4) 其他常用切割工具

在操作过程中还会用到一些常见的切割工具，如美工刀、剪刀、手锯等，见图 2-4。

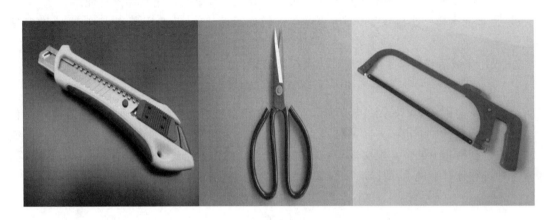

图 2-4　美工刀、剪刀、手锯

2.1.2　电动工具

(1) 手电钻

手电钻是手工制作、维修必备工具，可以用来钻孔（如对金属材料、木材、塑料、碳纤维等）、拧螺钉等，常用的手电钻主要有充电式手电钻（图 2-5）和插电式手电钻（图 2-6）。

图 2-5　充电式手电钻

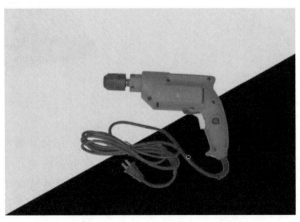

图 2-6　插电式手电钻

手电钻使用注意事项：

① 在使用手电钻时不准戴手套，以防止手套缠绕。

② 使用前检查手电钻是否接地，核对电压是否相符，通电后先空转检查旋转方向是否正常，正常后方可使用。

③ 钻孔前，要确定钻头装夹位置是否合适，是否紧固到位。

④ 钻孔时，孔即将被钻透前，要适当减小手电钻的进给量，适当减小身体压力，避免切削量过大造成手电钻从手中脱落或者折断。

⑤ 操作时发现手电钻内部出现严重打火声、异味、冒烟时，应立即停止使用。

⑥ 装卸、更换钻头应在手电钻完全停止转动后进行，不准用锤或其他器件敲打钻夹头。

⑦ 操作完成后或移动手电钻时，应及时断开电源。

(2) 台钻

台式钻床简称台钻，如图 2-7 所示，是一种体积小巧、操作简便、通常安装在专用工作台上使用的小型孔加工机床。台钻钻孔直径一般在 32mm 以下，其主轴变速一般通过改变三角带在塔型带轮上的位置来实现，主轴进给靠手动操作。摇臂钻床可绕立柱回转、升降，通常主轴可在摇臂上做水平移动。

图 2-7　台钻

台钻一般由电动机、底座、主轴、工作台、圆立柱、进给箱、主轴变速箱等部件构成。电动机通过五级变速带轮，使主轴可变五种转速。当工件较小时，可放在工作台上钻孔；当工件较大时，可把工作台转开，直接放在钻床底座上钻孔。

台钻使用注意事项：

① 保护接地或接零线连接是否正确，牢固可靠。

② 软电缆或软线是否完好无损。

③ 插头是否完整无损。

④ 开关动作是否正常、灵活，有无缺陷、破裂。

⑤ 电气保护装置是否良好。

⑥ 机械防护装置是否完好。

⑦ 转动部分是否转动灵活、无障碍。

⑧ 定期注入润滑脂，以保证转动灵活。

2.1.3　测量工具

(1) 钢尺

钢尺是最常用的测量工具，包括钢直尺和钢卷尺，分别见图 2-8 和图 2-9。钢直尺可以在平面内测量短距离的物体；钢卷尺是用薄钢片制成的带状尺，可卷入金属圆盒内，可以测量更长距离的物体。

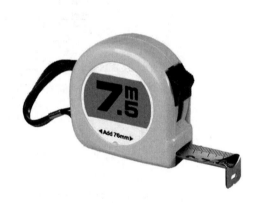

图 2-8　钢直尺　　　　　　　　　　　　　　　　　图 2-9　钢卷尺

(2) 游标卡尺

游标卡尺如图 2-10 所示，是一种测量长度、内外径、深度的量具。游标卡尺由主尺和附在主尺上能滑动的游标两部分构成。主尺一般以 mm 为单位，而游标上则有 10、20 或 50 个分格。根据分格的不同，游标卡尺可分为十分度游标卡尺、二十分度游标卡尺、五十分度游标卡尺等，游标为十分度的长 9mm，二十分度的长 19mm，五十分度的长 49mm。游标卡尺的主尺和游标上有两副活动量爪，分别是内测量爪和外测量爪，内测量爪通常用来测量内径，外测量爪通常用来测量长度和外径。

下面以十分度的游标卡尺为例讲解读数方法：

① 如图 2-11 所示，读数的主要部分是主尺和游标卡尺。

当游标卡尺归零的时候，游标的第 10 个刻度和主尺的 9mm 处重合，也就是说，游标的总长是 9mm，每个小格刻度为 0.9mm，因此，游标的每个小格与主尺的每个小格相差 0.1mm，也就是说，十分度游标卡尺的精确度为 0.1mm。注意，当游标归零时，游标最左

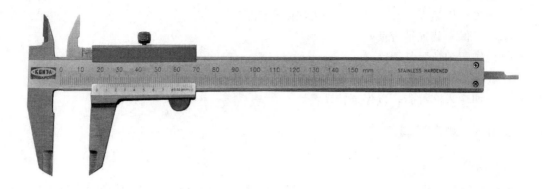

图 2-10　游标卡尺

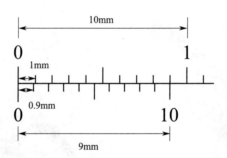

图 2-11　游标卡尺读数示意图

刻度线与主尺的零刻度线对齐，游标最右刻度线与主尺的 0.9cm 刻度线对齐，这一点非常重要。

② 当测量一个物体外径、内径或深度时，将游标卡尺固定后，以游标的零刻度为基点，游标零刻度以左，读主尺的整数刻度；游标零刻度以右，读游标与主尺重合刻度以左刻度，然后乘以精确度 0.1，最后将主尺量度和游标量度相加，就是所测物的量度。

③ 如图 2-12 所示，游标零刻度以左读主尺，可读出有 7 个刻度，即主尺为 7mm。零刻度以右读游标，发现游标第 6 个刻度与主尺的刻度有重合，然后以重合的刻度往左数，发现

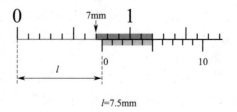

图 2-12　读数实例

重合刻度不论是与游标零刻度，还是与主尺的 7mm 刻度都是相差 5 个刻度，即为 5 刻度，而游标的精确度为 0.1，然后将 5 乘以 0.1，即为 0.5mm，此为游标量度。然后主尺量度加上游标量度就是所测物量度，即 7mm＋0.5mm＝7.5mm。

游标卡尺使用注意事项：

① 使用前，应先擦干净两卡脚测量面，合拢两卡脚，检查副尺零刻度线与主尺零刻度线是否对齐。若未对齐，应根据原始误差修正测量读数。

② 测量工件时，卡脚测量面必须与工件的表面平行或垂直，不得歪斜，用力不能过大，以免卡脚变形或磨损，影响测量精度。

③ 读数时，视线要垂直于尺面，否则测量值不准确。

④ 测量内径尺寸时，应轻轻摆动，以便找出最大值。

⑤ 游标卡尺用完后，仔细擦净，抹上防护油，平放在盒内，以防生锈或弯曲。

(3) 水平仪

水平仪如图 2-13 所示，是一种测量小角度的常用量具。在无人机机架、飞控安装过程中，经常用水平仪来进行水平校准。常见的水平仪有圆盘状和圆柱状，内有淡绿色液体和一个气泡，有的还有刻度。当气泡居中时说明装置是水平的。

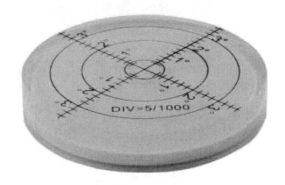

图 2-13　水平仪

水平仪使用注意事项：

① 测量前，应认真清洗测量面并擦干，检查测量表面是否有划伤、锈蚀、毛刺等缺陷。

② 检查零位是否正确。

③ 测量时，应尽量避免温度的影响。由于水平仪内液体受温度变化影响较大，因此，应注意手热、阳光直射、哈气等因素对水平仪的影响。

④ 使用中，应在与水平仪垂直的位置上进行读数，以减少视差对测量结果的影响。

【任务实施】

2.1.4　板材的切割

板材切割的操作说明及步骤见表 2-1。

表 2-1 板材切割的操作说明及步骤

操作步骤	操作说明	示意图
1	选择需要切割的板材或管材，根据图纸的尺寸，用量具量出需要切割的大小，用记号笔做好标记	
2	选择切割时需要的手锯，根据板材的不同，选择合适的锯条	
3	先拿出要更换锯条的钢锯，然后拧下钢锯锯条右侧的 V 形螺帽	
4	再拧下锯条后面的螺帽，锯条变松动后，把锯条的两端从拉杆上依次拿出来	
5	拿出要换上去的锯条，先装上未带螺帽的拉杆；锯条锯齿的安装方向为锯齿尖朝向推的方向，有的锯条上也有该提示	
6	把锯条后端的孔挂进钢锯的带螺帽的拉杆上。注意要挂到拉杆的底部	

续表

操作步骤	操作说明	示意图
7	再套上螺帽的垫片,然后拧上带 V 形扭柄的螺帽。注意此螺帽不能拧得太松,否则使用时锯条容易晃动	
8	用台钳固定需要切割的板材。手锯的握法:右手满握锯柄,左手轻扶锯弓前端。锯割时起锯很重要,一般用左手拇指指甲靠稳锯条,以防止锯条滑动,同时起锯角度小于15°。若起锯角度过大,锯齿易崩碎;若锯角过小,不宜切入材料	
9	锯割过程:锯弓做直线往复运动,推锯时右手推进,左手施压,返回时不加压力,从加工面轻轻滑过。锯割过程中压力应小而均匀,锯割行程一般往复长度不小于锯条全长的 2/3。当工件快锯断时,握锯施压要轻,速度要慢,行程要短,并用手扶住工件即将落下的部分	

2.1.5　钻头的更换

钻头更换的操作说明及步骤见表 2-2。

表 2-2　钻头更换的操作说明及步骤

操作步骤	操作说明	示意图
1	先拿出电钻、要更换的钻头和电钻配套的电钻钥匙	
2	把电钻倒竖起来,用手握住下面带齿的转环,将它拧松,随着拧动,钻头上的咬合嘴就会松开	

续表

操作步骤	操作说明	示意图
3	咬合嘴松开到适合钻头的大小后，就可以把钻头笔直地插入进去。注意：要放在三根咬合柱的正中间，如右图，再反着转动刚松开的转环，让它咬合住刚放进去的钻头杆	
4	如果放进去的钻头比较小，那么电钻的三根咬合柱就会随着转动慢慢夹紧，然后伸出来一部分，这是正常现象	
5	先用手直接转动带齿圆环，把钻头夹正夹紧后，再拿出电钻钥匙。在电钻上面的钢环上有几个小孔，把电钻钥匙插入其中一个，便可以转动钥匙，拧得更紧，再依次插入其他的孔，也进行拧紧	
6	当把所有孔都用电钻钥匙拧紧后，电钻钻头就更换成功了。若要拆下钻头，先用电钻钥匙把孔拧松，再转动带齿圆环，松开咬合柱即可	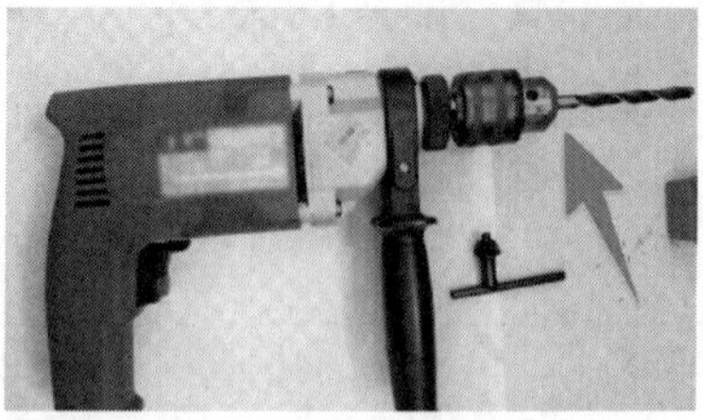
7	用手电钻在规定的位置进行打孔	

2.1.6 游标卡尺的使用

游标卡尺使用的操作说明及步骤见表 2-3。

表 2-3　游标卡尺使用的操作说明及步骤

操作步骤	操作说明	示意图
1	选择需要测量的零件	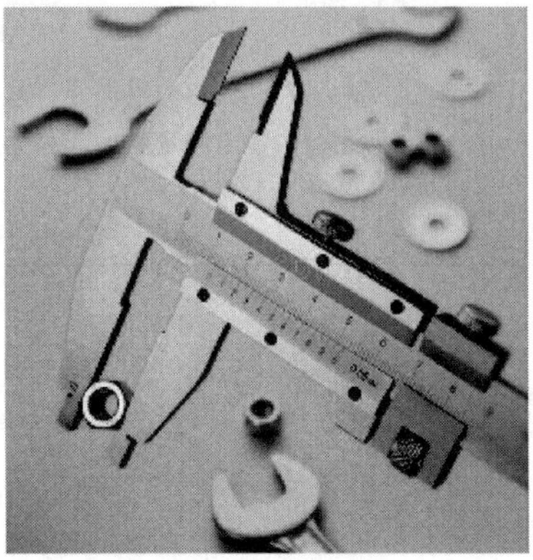
2	测量碳纤维管外径,如右图所示	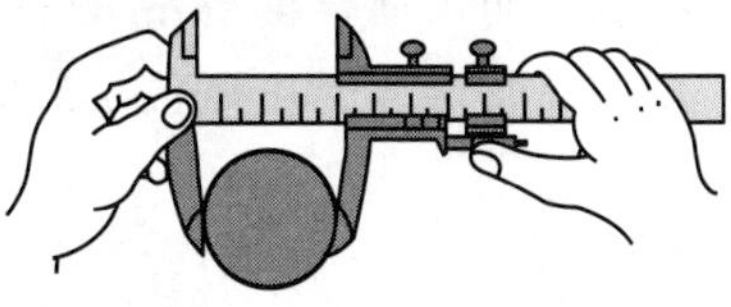
3	测量时,使用圆框内部分夹住物体,读出测量数据	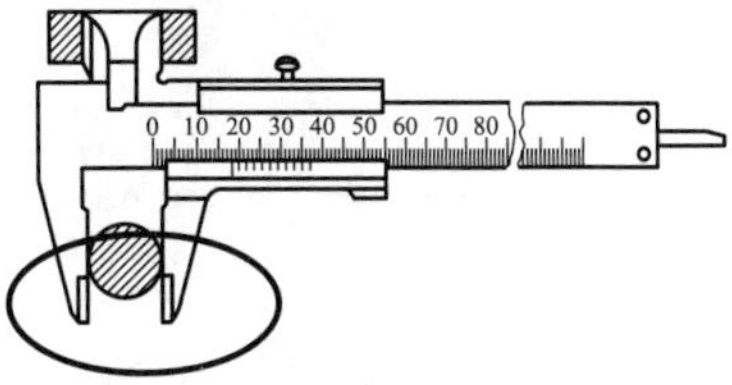
4	测量碳纤维管内径,如右图所示	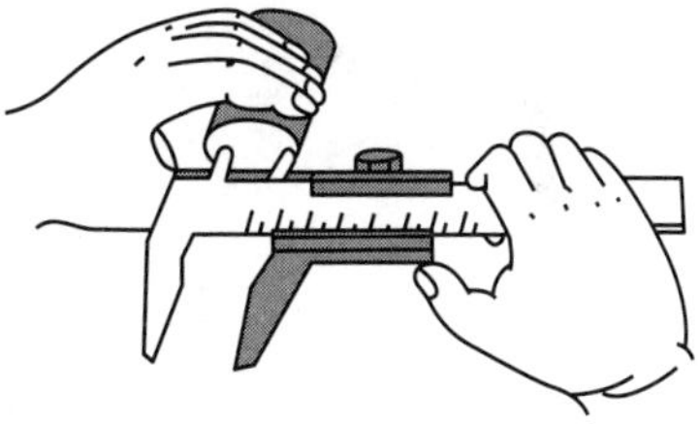
5	测量内径时,使用圆框内部分,在物体内径部分,两端张开,撑住物体,读出测量数据	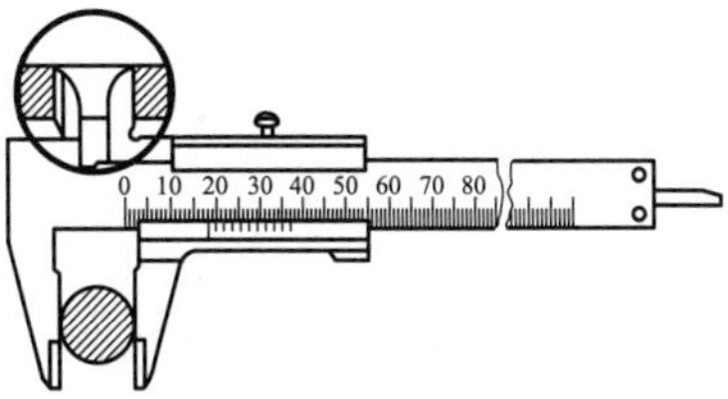
6	测量工件深度时,如右图所示	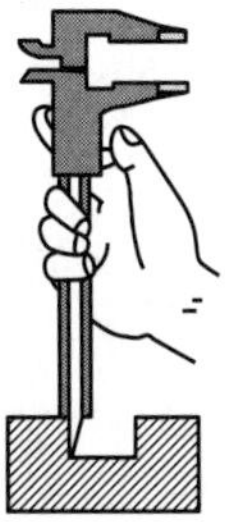

续表

操作步骤	操作说明	示意图
7	测量深度时,将圆框内部分探入工件所需测量的地方,固定标尺,读出测量数据	

【任务测评】

1. 简述用水平仪测量无人机是否水平放置的具体步骤。
2. 简述利用手电钻更换不同尺寸钻头的具体步骤。
3. 简述用手电钻在 3mm 铝板上打孔的具体步骤。
4. 简述用游标卡尺测量内径与深度的具体步骤。

任务反馈：

任务 2.2　紧固件的施工

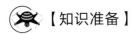【知识准备】

2.2.1　钳口工具和铆接工具

(1) 平嘴钳

平嘴钳，俗称老虎钳、钢丝钳、综合钳，是一种常用的钳口工具。它可以把坚硬的细钢丝夹断。平嘴钳的基本结构由钳头和钳柄组成，钳头包括钳口、齿口、刀口和铡口，如图 2-14 所示。钳口可用来夹持物件；齿口可用来夹持柱状物，夹持接触面大；刀口可用来剪切电线、铁丝，也可用来剖切软电线的橡胶或塑料绝缘层；绝缘套管（柄）使操作人员可带电剪切电线（耐压 500 V）。

图 2-14　平嘴钳

平嘴钳使用注意事项：

① 使用钳子要量力而行，不可以超负荷使用。切忌在切不断的情况下扭动钳子，这样容易造成崩牙。对于钢丝、铁丝或者铜线，先用钳子留下咬痕，然后用钳口夹紧，轻轻地上抬或者下压就可将其掰断，不但省力，而且不会损坏钳子，可以有效地延长钳子的使用寿命。

② 带电操作时应该注意选用带绝缘套管的钳子，以免操作者被电击伤。使用前应注意检查绝缘套管是否完好，损坏的绝缘套管可能失去绝缘作用。不可用钳子剪切双股带电电线，以避免引起短路。

③ 不可将钳子当锤子使用，以免刀口错位、转动轴失圆，影响正常使用。

(2) 尖嘴钳

尖嘴钳如图 2-15 所示，其头部尖细，夹持较小螺钉、垫圈、导线等元器件比较方便，适合于在狭小的工作空间内操作。带刀口的尖嘴钳还可以剪切线径较细的单股与多股线，以及剥除导线塑料绝缘层。尖嘴钳还可以将单股导线弯成所需要的各种形状，便于在装接控制线路时使用。尖嘴钳的规格以全长表示，常用的规格有 125mm、140mm、160mm、180mm 和 200mm 五种。

图 2-15　尖嘴钳

尖嘴钳使用注意事项：

① 不允许用尖嘴钳装卸螺母、夹持较粗的硬金属导线及其他硬物。

② 绝缘手柄破损后严禁带电操作。

③ 尖嘴钳头部是经过淬火处理的，不能在高温条件下使用。

(3) 圆嘴钳

圆嘴钳的钳头呈圆锥形，如图 2-16 所示，适宜将金属薄片及金属丝弯成圆形，是仪器仪表、电信工程、电信器材以及家电装配、维修行业中常用的工具。圆嘴钳规格以全长表示，有 125mm、140mm、160mm、180mm、200mm 五种规格。

图 2-16　圆嘴钳

(4) 小型台钳

小型台钳，又称虎钳、台虎钳，如图 2-17 所示，是夹持、固定工件以便进行加工的一种工具，使用十分广泛。它的品种也较多。台钳为钳工必备工具，因为钳工的大部分工作都是在台钳上完成的，比如锯、锉、錾，以及零件的装配和拆卸。台钳安装在钳工台上，以钳口的宽度来标定规格，常见规格从 75mm 到 300mm。台钳一般用于装配车间，小型台钳因其体积小、重量轻，可以方便地在多种场合使用，如工作台、办公桌等。无人机装调时，台钳可以用来夹紧碳管、碳纤维板进行加工，也可以夹持电子元器件以方便焊接。

(5) 卡簧钳

卡簧钳如图 2-18 所示，是一种用来安装内簧环和外簧环的专用工具，外形上属于尖嘴

图 2-17　小型台钳

钳一类，钳头可采用内直、外直、内弯、外弯等形式。卡簧钳主要用于无人机电机的拆装工作。

图 2-18　卡簧钳

(6) 拉铆枪

拉铆枪（也称铆钉枪）如图 2-19 所示，主要用于无人机装配过程中铝管、铝板等多种紧固件的铆接，是固定翼机翼及起落架安装所需的必备工具之一。

拉铆枪使用注意事项：

① 手动铆钉枪不能当作敲击工具使用，以防外套筒、组件、枪身之间的连接松动、变形，影响使用。

② 工具使用时要求枪头、铆钉与工件三者紧贴，枪头与被铆工件必须成垂直状态，以确保达到理想的铆接效果。

③ 建议定期在销轴上滴 1～2 滴润滑油，可延长工具使用寿命。

图 2-19　拉铆枪

2.2.2　紧固工具

(1) 螺钉旋具

螺钉旋具，也常称作螺丝起子、螺丝批、螺丝刀或改锥等，是用以旋紧或旋松螺钉的工具。按不同的头部形状可以分为一字形（负号）、十字形（正号）、米字形、星形、方头形、内六角头形和 Y 头形等，其中一字形、十字形以及内六角头形在无人机装配调试时经常使用。

一字形螺钉旋具如图 2-20(a) 所示，其型号表示为刀头宽度×刀杆，例如 2×75mm，则表示刀头宽度为 2mm，杆长为 75mm（非全长）。十字形螺钉旋具如图 2-20(b) 所示，其型号表示为刀头大小×刀杆，例如 2♯×75mm，则表示刀头为 2 号，金属杆长为 75mm（非全长）。有些厂家用 PH2 表示 2♯，实际是一样的。还可以用刀杆的粗细来大致估计刀头的大小，不过工业上是以刀头大小来区分的。型号为 0♯、1♯、2♯、3♯、4♯对应的金属杆粗细大致为 3mm、4mm、6mm、8mm、9mm。

内六角螺钉旋具如图 2-21 所示，其型号表示为六角对边的距离，常见的有 1.5mm、2.0mm、2.5mm、3.0mm、4.0mm 等，对应编号分别为 H1.5、H2.0、H2.5、H3.0、H4.0 等。

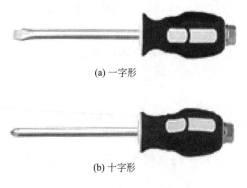

(a) 一字形

(b) 十字形

图 2-20　一字形与十字形螺钉旋具

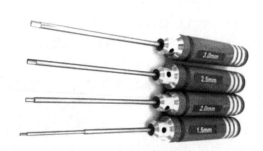

图 2-21　内六角螺钉旋具

(2) 扳手

扳手基本分为两种，固定扳手和活动扳手。前者在扳手上写有固定的数字。无人机无刷电动机大多采用六角螺母或者内六角螺栓，所以在无人机装调过程中会经常用到外六角扳手和内六角扳手。固定扳手如图 2-22 所示，活动扳手如图 2-23 所示，外六角扳手如图 2-24 所示，内六角扳手如图 2-25 所示。

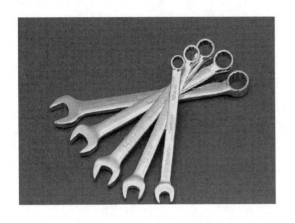

图 2-22 固定扳手

图 2-23 活动扳手

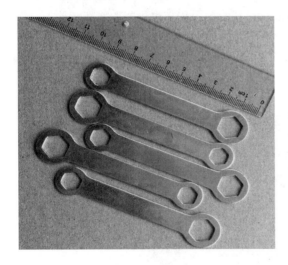

图 2-24 外六角扳手

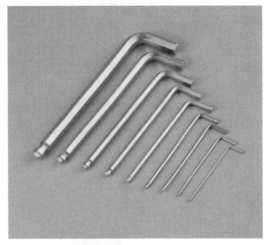

图 2-25 内六角扳手

固定扳手使用注意事项：

① 扳手开口大小的选择应与螺栓、螺母头部的尺寸一致。

② 扳手开口厚的一边应置于受力大的一侧。

③ 扳动时以拉动为主，若必须推动时，为防止伤手，可用手掌推动。

④ 多用于拧紧或拧松标准规格的螺栓或螺母。

⑤ 不可用于拧紧力矩较大的螺栓或螺母。

⑥ 可以上、下套入或者横向插入，使用方便。

活动扳手使用注意事项：

① 活动扳手的开度可以自由调节，适用于不规则的螺栓或螺母。

② 使用时，应将钳口调整到与螺栓或螺母的对边距离同宽，并使其紧密贴合，让扳手可动钳口承受推力，固定钳口承受拉力。

③ 不可把扳手当作铁锤进行敲击，不可在扳手柄端再套上管子来增加扳手的扭力。

④ 活动扳手的开口尺寸能在一定范围内任意调节，应向固定边施力，绝不可向活动边施力。

⑤ 限于拆装开口尺寸限度以内的螺栓、螺母，尤其对于不规则的螺栓、螺母，活动扳手更能发挥作用。

⑥ 不可用于拧紧力矩较大的螺栓、螺母，以防损坏扳手活动部分；扳手开口若有磨损或使用时有打滑现象，不可再继续使用，以免打滑产生事故。

⑦ 原则上能使用套筒扳手的不使用梅花扳手，能使用梅花扳手的不使用固定扳手，能使用固定扳手的不使用活动扳手。

2.2.3 黏结剂

(1) 螺纹胶

螺纹胶又称无氧胶、厌氧胶、机械胶，如图 2-26 所示。所谓"厌氧"，是指这种胶使用时不需要氧气。它与氧气或空气接触时不会固化，一旦隔绝空气后就迅速聚合变成交联状的固体聚合物。一般是锁好螺栓后将它点在螺母上，让其慢慢固化；也可将胶涂在螺栓上，然后再装上螺母，一方面让螺栓在作业中不会脱落，另一方面有防锈作用。将来如要修理时，与未涂抹螺纹胶的螺栓相比，只要再增加约 30% 的力即可将其卸下。正常点胶后约 10min 表面将不沾手，完全固化需 6～8h。

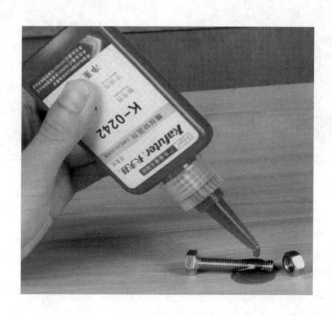

图 2-26 螺纹胶

(2) 瞬干胶（502 胶）

瞬干胶如图 2-27 所示，是以 2-氰基丙烯酸酯为主要成分，加入增黏剂、增稠剂、稳定剂、增韧剂、阻聚剂等，通过先进生产工艺合成的单组分快速固化胶黏剂。这种胶的优点是固化快、黏结强度大、黏结面广，胶接物表面不需经严格处理，双组分胶的各组分用量也无须严格要求；缺点是其气味令人不适。单纯的（甲基）丙烯酸酯单体形成的胶固化后较脆，抗冲击性能差，故常加入一些其他化合物以改善胶层韧性，提高胶层的力学性能和耐环境性能。瞬干胶可在常温下快速黏结各种材料，如钢铁、铜铝、橡胶、硬质塑料、陶瓷玻璃等，不同材质间也可黏结，可广泛应用于电气、仪器仪表、机械、汽车等行业相关零部件的制作与维修，尤其适用于工业化流水线作业。

图 2-27 瞬干胶

(3) 热熔胶

热熔胶如图 2-28 所示，是一种可塑性的黏合剂，配合热熔胶枪使用，在一定温度范围内其物理状态随温度改变而改变，而化学特性不变，无毒无味，属于环保型化学产品，可用于无人机装调中塑料、电子元器件、泡沫板的粘接等。

图 2-28 热熔胶

（4）纤维胶带及泡沫胶

纤维胶带如图 2-29 所示，内有增强的聚酯纤维线，涂覆特殊的压敏胶制作而成。纤维胶带具有优异的耐磨性能、抗潮能力和极强的断裂强度，特有的压敏胶层具有优异的持久黏力和特殊性能，是泡沫板固定翼无人机常用的胶带。液态泡沫胶如图 2-30 所示，一般多用于泡沫板的粘接；双面泡沫胶如图 2-31 所示，主要用来粘接无人机各种电子元器件，并具有很好的减震性。

图 2-29　纤维胶带

图 2-30　液态泡沫胶

图 2-31　双面泡沫胶

【任务实施】

2.2.4　抽铆的操作

抽铆的操作说明及步骤见表 2-4。

表 2-4　抽铆的操作说明及步骤

操作步骤	操作说明	示意图
1	用双手将铆钉枪的手把完全张开，将铆钉的钉杆插入枪头，使枪头紧贴铆钉帽檐	
2	将铆体插入铆接孔，使被铆接板与工具枪头贴紧无缝隙，然后双手向内用力拉合手柄	

续表

操作步骤	操作说明	示意图
3	重复以上动作多次(和铆接厚度及铆钉长度有关),直至钉杆拉断,完成铆接	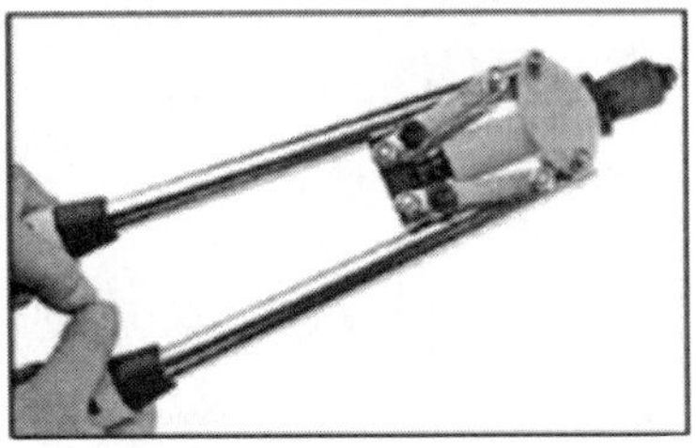
4	当集钉筒集满铆钉钉杆时,将其拆卸清理后,再装入枪身	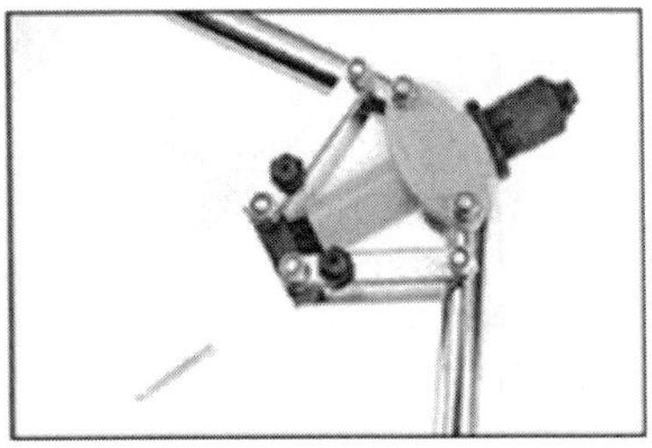

2.2.5 卡簧的拆卸

卡簧拆卸的操作说明及步骤见表 2-5。

表 2-5 卡簧拆卸的操作说明及步骤

操作步骤	操作说明	示意图
1	准备好拆卸工具:卡簧钳和螺丝刀	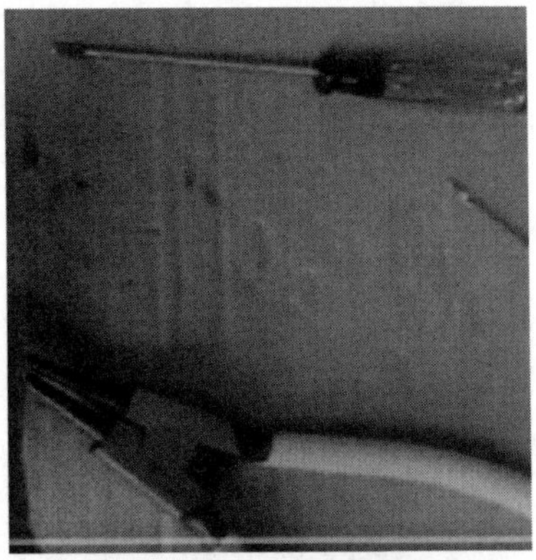
2	观察卡簧所在的位置以及周边的连接关系,确定卡簧钳进入的位置	

操作步骤	操作说明	示意图
3	用卡簧钳钳嘴的凹槽钳住卡簧	
4	确认卡簧是否已松动	
5	在松动的位置,用螺丝刀将卡簧翘起	
6	用手将卡簧取出	

2.2.6 铆钉的拆除

铆钉拆除的操作说明及步骤见表2-6。

表 2-6 铆钉拆除的操作说明及步骤

操作步骤	操作说明	示意图
1	选择一把一字螺丝刀,把螺丝刀插入铆钉的缝隙中,把铆钉撬松	
2	将螺丝刀相对于铆钉向下压,在杠杆的作用下,铆钉边缘就会起开,切记不使用蛮力,以免造成物体的损坏或人员伤害	
3	沿着铆钉的边缘继续起,直至把整个铆钉起下来	
4	铆钉取出后,可用砂纸或锉刀将孔洞周围的毛刺进行打磨,使原本毛糙的地方变得光滑,方便后期使用	

2.2.7 机臂与折叠件的防松连接

机臂与折叠件防松连接的操作说明及步骤见表 2-7。

表 2-7　机臂与折叠件防松连接的操作说明及步骤

操作步骤	操作说明	示意图
1	选择合适的螺钉旋具	
2	使用螺钉旋具，将折叠件原有的紧固螺钉松开	
3	将机臂套入折叠件中	
4	在紧固折叠件的螺钉处打上螺纹胶	
5	用螺钉旋具将折叠件的螺钉拧紧	

操作步骤	操作说明	示意图
6	操作完成后,用手转动机臂,检查紧固结果	

2.2.8　泡沫胶的使用

泡沫胶使用的操作说明及步骤见表 2-8。

表 2-8　泡沫胶使用的操作说明及步骤

操作步骤	操作说明	示意图
1	选择大小合适的双面泡沫胶	
2	将一面保护膜撕掉,粘接在飞控中心板上	
3	然后将另一面保护膜撕掉,将飞控粘接在泡沫胶上	

【任务测评】

1. 简述螺丝胶使用的具体方法。
2. 简述拉铆枪的使用方法。

任务反馈：

任务 2.3　零部件的识别与拆装

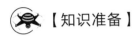 【知识准备】

拓展知识

螺旋桨

2.3.1　机翼和螺旋桨

(1) 机翼翼型

机翼主要是相对固定翼无人机而言,固定翼无人机常见翼型有对称型、双凸型、平凸型、凹凸型和 S 形等。

① 对称型　阻力系数、升阻比小,常用在遥控特技模型飞机上,见图 2-32。

图 2-32　对称型

② 双凸型　比对称型的升阻比大,常用在遥控竞速或特技模型飞机上,见图 2-33。

图 2-33　双凸型

③ 平凸型　升阻比比双凸型大,常用在速度不太高的遥控飞机上,见图 2-34。

图 2-34　平凸型

④ 凹凸型　升阻比较大,广泛用在竞赛留空时间的模型飞机上,见图 2-35。

图 2-35　凹凸型

⑤ S 形　力矩特性稳定,常用在没有水平尾翼的模型飞机上,见图 2-36。

图 2-36　S形

(2) 螺旋桨

螺旋桨主要是相对旋翼类无人机（直升机、多旋翼等）而言的。螺旋桨是指靠桨叶在空气中旋转，将发动机转动功率转化为推进力的装置，可有两个或较多的叶与毂相连，叶的向后一面为螺旋面或近似于螺旋面。

无人机常用的螺旋桨通常分为定距螺旋桨（图 2-37）和变距螺旋桨（图 2-38）。定距螺旋桨常用于多旋翼无人机和固定翼无人机；变距螺旋桨常用于无人直升机。

图 2-37　定距螺旋桨

图 2-38　变距螺旋桨

常用螺旋桨类型见表 2-9。

表 2-9　常用螺旋桨类型

类型	图片	参数	材质	用途
螺纹式固定桨		型号：9045。90 表示螺旋桨直径 9 英寸；45 表示螺距 4.5 英寸	尼龙	多旋翼
桨夹式固定桨		型号：2170。21 表示螺旋桨直径 21 英寸；70 表示螺距 7 英寸	碳纤维	多旋翼

续表

类型	图片	参数	材质	用途
压片式快拆桨		型号：7238。72 表示螺旋桨直径 7.2 英寸；38 表示螺距 3.8 英寸	碳纤维	多旋翼
定距桨叶		型号：E690W。长度为 690mm；宽度为 60mm	碳纤维	直升机

注：1 英寸＝2.54cm。

2.3.2　多旋翼无人机的动力部件

(1) 电机

电机如图 2-39 所示，是无人机动力系统的重要组成部分，下方固定在电机座上。将螺旋桨固定在电机上方的电机轴上，电机的转动带动螺旋桨的转动，可以为无人机提供升力。

图 2-39　电机

(2) 舵机

舵机常用于多旋翼无人机可收放起落架的控制、固定翼无人机各舵面的控制及无人直升机拉杆的控制，如图 2-40 所示。舵机在工作时的电流比较大，应保证电流的供应；舵机的工作电压有高有低，一定要合理选用；一定记得开发板的 GND 要和舵机的负极连接在一起，称之为共地。舵机内部由多个齿轮组成，齿轮转动会造成齿轮磨损，应定期检查齿轮的磨损情况以及是否有虚位，及时清理磨损的残渣，并涂上润滑油。

图 2-40　舵机

(3) 动力电池

Li-po 电池主要为电机的运转提供电能，不同类型的无人机所需的电压、电流均不相同，常用的有 1S～6S 电池，如图 2-41 所示。Li-po 电池的性能好坏取决于电池的充放电倍率。Li-po 电池充放电寿命为 150～250 次。长期不使用的电池，应保证 3 个月内进行一次充放电激活，并保持电压为 3.8～3.85V 以维持电池的稳定性。在每次使用前应检测电池电压，确保满电使用。如果出现电池鼓包或者漏液的情况应及时进行报废处理，禁止再次使用。电池在使用完毕后应及时存放于防爆箱中。

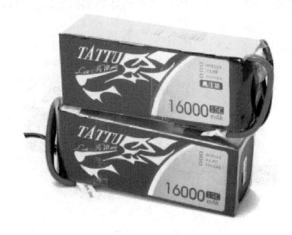

图 2-41　动力电池

(4) 电调

电调全名为电子调速器，英文简称为 ESC，如图 2-42 所示。在无人机上的主要作用是将直流电转换为交流电，控制电机的转速。多旋翼飞行器电调都放置在电机下面。电调放置的空间往往比较紧凑。电调在多旋翼飞行器中属于易损部件，无论是炸机、落水还是短路等，电调都会最先被损坏。

图 2-42 电调

【任务实施】

2.3.3 多旋翼无人机主要零部件的安装

多旋翼无人机主要零部件安装的操作说明及步骤见表 2-10。

表 2-10 多旋翼无人机主要零部件安装的操作说明及步骤

操作步骤	操作说明	示意图
1	①确认机架机头方向； ②将 4 个机臂编号； ③安装 4 个孔上的圆圈胶垫	
2	①安装电机上的海绵垫； ②将电机安装在四个机臂上，安装时注意 1、4 为黑白线，2、3 为红蓝线； ③将电机尾部的插头反向穿过机架中部对应的穿孔	

续表

操作步骤	操作说明	示意图
3	①确定一体式飞控/图传板方向与机架机头方向一致； ②将飞控/图传板用 3M 胶固定在机架中央； ③将电机插头插到飞控板相应位置	
4	①用专用连接线连接飞控/图传板和接收机； ②将接收机用 3M 胶固定在飞控板上方中央	接收机输入口
5	①将摄像头用 3M 胶固定在机架正前方； ②将摄像头接口与飞控/图传板上相应的接口连接	
6	①在机架上安装支撑铝柱，用螺钉固定； ②在铝柱顶部安装机体上盖，用螺钉固定	

操作步骤	操作说明	示意图
7	①将正反橙色桨分别压入 1、3 电机轴;将正反黑色桨分别压入 2、4 电机轴(注意螺旋桨旋转方向); ②电池用黑色皮套固定在机体上盖上	

2.3.4 多旋翼无人机电调的更换

多旋翼无人机电调更换的操作说明及步骤见表 2-11。

表 2-11 多旋翼无人机电调更换的操作说明及步骤

操作步骤	操作说明	示意图
1	打开盖板,露出电路板(此电路板即为电调)	
2	用手机拍下连线的位置,便于后期焊接对照	
3	逐个取下焊接的电线	

续表

操作步骤	操作说明	示意图
4	打开新的电调包装。注意：电调 LED 分为绿灯和红灯，一般 M1、M2 为红灯，M3～M8 为绿灯	
5	先在电调上的焊接点挂上焊锡。如果挂不住，可检查一下电烙铁温度或者在焊点上先涂上少许松香或者焊膏	
6	对于间距比较近的线，在焊接时要充分融化焊锡，防止虚焊	
7	安装好垫片，并固定好电机座	

【任务测评】

1. 简述多旋翼无人机和无人直升机螺旋桨的区别。
2. 简述舵机的作用。

任务反馈：

项目 3
多旋翼无人机的检测与维护

 项目描述

> 项目引入

　　多旋翼无人机是目前民用无人机行业应用较为广泛的一类无人机。希望通过本项目的学习使学生能够清楚地认识并且能够分辨出什么是多旋翼无人机，明白它与其他无人机的区别；使学生能够了解多旋翼无人机的发展历史，并认识多旋翼无人机飞行的基本原理；使学生可以清楚地认识多旋翼无人机主要动力系统的组成，以及掌握任务载荷设备的基本使用。

> 知识、技能分解思维导图

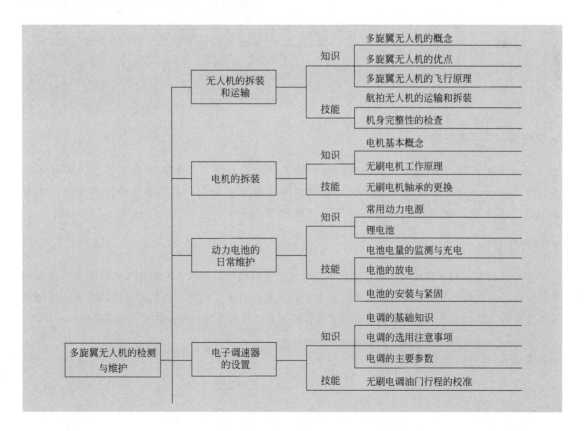

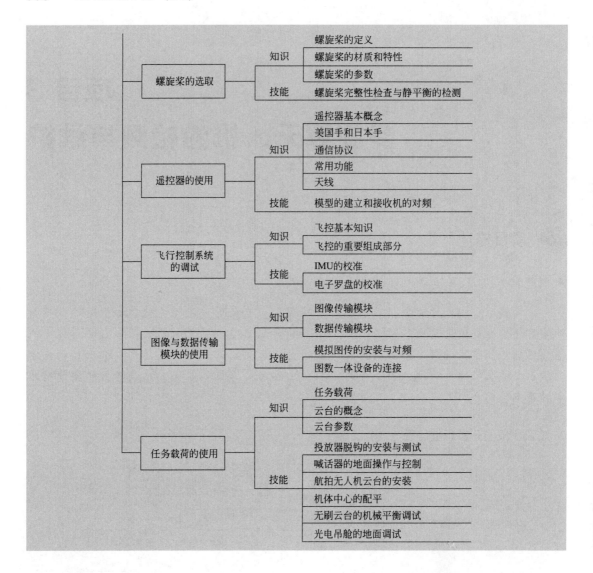

➤ 素质培养——责任意识

多旋翼无人机在民用无人机行业应用最为广泛。多旋翼无人机系统较为复杂，零部件较多，任务载荷多样，在其检测和维护过程中，要具有勇于负责、敢于负责的责任意识。学会正确选用零部件、精准调试系统有助于更好地使用无人机。

➤ 任务提出

多旋翼无人机的出现极大地丰富了民用无人机的应用领域，占据了民用无人机领域80％以上的市场份额。多旋翼无人机以其结构简单、上手快的优点，促进了民用无人机市场快速发展。希望通过本项目的学习，使学生能够掌握多旋翼无人机的组成、飞行原理和任务载荷的使用等知识和技能。

知识与技能要点记录：

....

....

....

任务 3.1　无人机的拆装和运输

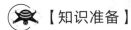【知识准备】

拓展知识

多旋翼与常规
直升机的区别

3.1.1　多旋翼无人机的概念

多旋翼无人机是众多无人机种类的一种，特指具有三个及以上旋翼轴的无人驾驶旋翼飞行器，又称多轴无人机，如图 3-1 所示。

图 3-1　多旋翼无人机

多旋翼无人机所呈现的形式有多种，常见的有四旋翼飞行器、六旋翼飞行器以及八旋翼飞行器等等，如图 3-2 所示。

(a) 四旋翼飞行器

(b) 八旋翼飞行器

图 3-2　四旋翼和八旋翼飞行器

多旋翼无人机是无人机领域应用较为广泛的一类无人机。不同的无人机制造商根据应用场合的不同设计了不同类型的无人机，如图 3-3 所示。

3.1.2　多旋翼无人机的优点

在操控性方面，多旋翼无人机的操控是最简单的。它不需要跑道便可以垂直起降，起飞

(a) 专业级航拍机 (b) 便携式航拍机

(c) 消费级航拍机 (d) 多用途无人机

(e) 二次开发型无人机

图 3-3 各种类型的无人机

后可在空中悬停。它的操控原理简单，操控器的四个遥杆操作对应飞行器的前后、左右、上下和偏航方向的运动。在自动驾驶仪方面，多旋翼自驾仪控制方法简单，控制器参数调节也相对简单。相对而言，学习固定翼和直升机的操控不是简单的事情。固定翼无人机的飞行要求场地开阔，而直升机飞行过程中会产生通道间耦合，其自驾仪控制器设计困难，控制器参数调节也相对困难。

在可靠性方面，多旋翼无人机也是表现相对出色的。若仅考虑机械的可靠性，多旋翼无人机没有活动部件，它的可靠性基本上取决于无刷电机的可靠性，因此可靠性较高。相比较而言，固定翼和直升机具有活动的机械连接部件，飞行过程中会产生磨损，导致可靠性下降。此外，多旋翼无人机能够悬停，且飞行范围可控，比固定翼无人机更安全。

在维护维修难度方面，多旋翼无人机的维护维修相对比较简单。具体而言，多旋翼无人机的结构简单，所以即使它的电机、电子调速器、电池、桨和机架损坏，也很容易替换，而固定翼和直升机的零件比较多，安装也需要技巧，因此安装比较麻烦。

3.1.3 多旋翼无人机的飞行原理

(1) 升力产生原理

升力，即可以使旋翼向上的力。如果旋翼在空气中旋转运动时产生的向上的力大于向下的力，则其合力可以使旋翼上升，这个力就是升力。升力来源于旋翼上下表面气流的速度差导致的气压差，如图 3-4 所示。

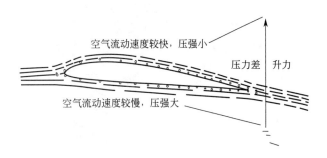

图 3-4　升力的产生原理

升力的产生归结为伯努利定理。伯努利定理的内容是：由不可压缩、理想流体沿流管做定向流动时，流动速度增大，则流体的静压将减小；反之，流动速度减小，则流体的静压将增大，但是流体的静压和动压之和不变。伯努利定理是飞机起飞原理的主要依据，在应用流体力学中也有着广泛的应用。

(2) 升力公式

升力公式：

$$y = \frac{1}{2}\rho v^2 s C_y$$

式中，ρ 为空气密度；v 为气流的速度；s 为旋翼面积；C_y 为升力系数，一般为常数。由此可知影响升力的因素会与空气的密度、旋翼旋转的速度（影响气流的速度）以及旋翼的面积有一定的关系，每一个因素的变化都会使旋翼的升力发生改变。

(3) 多旋翼无人机的运动

多旋翼无人机分为很多种，但是飞行原理基本一样，此处以四旋翼无人机为例进行说明。四个旋翼对称分布在机体的前、后、左、右四个方向，四个旋翼处于同一高度平面，且四个旋翼的结构和半径都相同，四个电机对称地安装在飞行器的支架端，如图 3-5 所示。

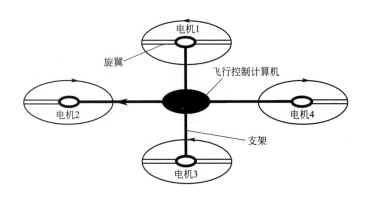

图 3-5　四旋翼无人机的结构

四旋翼飞行器通过调节四个电机的转速来改变旋翼转速，实现升力的变化，从而控制飞行器的姿态和位置。四旋翼飞行器是一种六自由度的垂直升降机，只有四个输入力，但同时却有六个状态输出，所以它又是一种欠驱动系统，如图 3-6 所示。

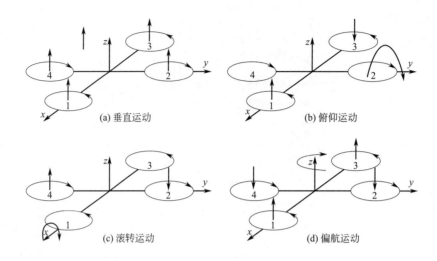

图 3-6　无人机的运动

① 垂直运动　同时增加四个电机的输出功率，旋翼转速增加，使得总的拉力增大，当总拉力足以克服整机的重量时，四旋翼飞行器便离地垂直上升；反之，同时减小四个电机的输出功率，四旋翼飞行器则垂直下降，直至平衡落地，实现了沿 z 轴的垂直运动。若外界扰动量为零，当旋翼产生的升力等于飞行器的自重时，飞行器便保持悬停状态。

② 俯仰运动　在图 3-6(b) 中，电机 1 的转速上升，电机 3 的转速下降（转速的改变量大小应相等），电机 2 与电机 4 的转速保持不变。由于旋翼 1 的升力增大，旋翼 3 的升力减小，产生的不平衡力矩使机身绕 y 轴旋转，同理，当电机 1 的转速下降，电机 3 的转速上升，机身便绕 y 轴向另一个方向旋转，实现飞行器的俯仰运动。

③ 滚转运动　滚转运动的运动原理与图 3-6(b) 的运动原理大致相同，在图 3-6(c) 中，改变电机 2 和电机 4 的转速，保持电机 1 和电机 3 的转速不变，则可使机身绕 x 轴旋转（正向和反向），从而实现飞行器的滚转运动。

④ 偏航运动　在旋翼转动过程中由于空气阻力会形成与转动方向相反的反扭矩。为了克服反扭矩影响，可使四个旋翼中的两个正转，两个反转，且使对角线上的两个旋翼转动方向相同。反扭矩的大小与旋翼转速有关，当四个电机转速相同时，四个旋翼产生的反扭矩相互平衡，四旋翼飞行器不会发生偏航转动；当四个电机转速不完全相同时，不平衡的反扭矩会引起四旋翼飞行器转动。在图 3-6(d) 中，当电机 1 和电机 3 的转速上升，电机 2 和电机 4 的转速下降时，旋翼 1 和旋翼 3 对机身的反扭矩大于旋翼 2 和旋翼 4 对机身的反扭矩，机身便在富余反扭矩的作用下绕 z 轴转动，实现飞行器的偏航运动，从而使飞行器的转向与电机 1、电机 3 的转向相反。

【任务实施】

3.1.4　航拍无人机的运输和拆装

航拍无人机运输和拆装的操作说明及步骤见表 3-1。

表 3-1 航拍无人机运输和拆装的操作说明及步骤

操作步骤	操作说明	示意图
1	根据拆卸标识将无人机四个螺旋桨拆下	
2	将四个螺旋桨放在运输箱的规定位置	
3	拆卸云台,根据拆卸标识将云台从无人机上拆卸下来	
4	将拆卸下的云台旋紧防尘盖后放入云台专用存储箱内	
5	将云台存储箱放入运输箱内规定位置	
6	待无人机云台接口旋紧防尘盖后,使无人机进入运输模式(使无人机进入运输模式的方法为快速连续按 5 次开机电源键)	

操作步骤	操作说明	示意图
7	取出无人机动力电池（按压电池锁扣开关后，电池即可抽出）	
8	将取出后的两块电池放入运输箱内的电池存放位置	
9	将无人机电池接口的防尘罩扣上	
10	将无人机放入运输箱内规定位置	
11	释放监视器锁扣以将遥控器与监视器分离	
12	收起遥控器天线，将遥控器放入运输箱内规定位置	

续表

操作步骤	操作说明	示意图
13	按下监视器的电池锁扣并取出监视器电池	
14	收起无人机充电器,将充电器放入运输箱内规定位置	
15	整理充电器电源线束。将电源线束放入运输箱内规定位置	
16	将监视器装入减震袋内;将监视器和监视器充电器放入运输箱内合理位置(运输箱内无监视器存放位置,因此需合理归置)	
17	待所有设备装入运输箱内后,盖上运输箱的上盖	
18	按下运输箱上的所有卡扣后,将运输箱上盖锁紧	

3.1.5 机身完整性的检查

机身完整性检查的操作说明及步骤见表 3-2。

表 3-2 机身完整性检查的操作说明及步骤

操作步骤	操作说明	示意图
1	①检查螺旋桨是否安装牢固； ②检查电机运转是否顺畅； ③检查电机座安装是否牢固以及螺钉有无松动	
2	①检查螺旋桨有无破损（主要检查桨根部与桨尖部是否有破损断裂）； ②检查机臂有无断裂	
3	检查折叠机臂固定螺钉是否松动	
4	检查折叠机臂锁扣是否旋紧锁死	
5	检查中心板上下固定螺钉有无松动脱落	

续表

操作步骤	操作说明	示意图
6	①检查电池固定螺钉是否松动； ②检查电池绑定是否有断裂隐患	
7	检查脚架有无破损断裂,螺钉有无松动脱落	
8	检查 GPS 天线指向性是否发生偏转	
9	检查飞控的各线束插头是否安装牢固	

【任务测评】

1. 简述无人机云台拆卸的具体步骤。

2. 在无人机运输过程中，如何做减震处理？请写出具体措施。

任务反馈：

任务 3.2　电机的拆装

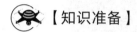 【知识准备】

3.2.1　电机概述

电机（electric machinery，俗称"马达"）是指依据电磁感应定律实现电能转换或传递的一种电磁装置。它的主要作用是产生驱动转矩，作为电器或各种机械的动力源。在我们的日常生活当中，电机的使用也是非常广泛的，比如，电动自行车、电动起重机、电动剃须刀等等。电机的种类非常多，可以分成有刷电机与无刷电机，也可以分成直流电机与交流电机。早期无人机的动力电机也使用有刷电机，但随着无人机动力电机技术的发展，渐渐地开始使用无刷电机。现在多旋翼无人机的动力电机大多使用无刷交流电机。无刷电机在我国的发展时间虽然短，但是随着技术的日益成熟与完善已经得到了迅猛发展，已在航模、医疗器械、家用电器、电动车等多个领域得到了广泛应用。

多旋翼无人机多采用无刷交流电机，如图 3-7 所示。多旋翼无人机所使用的无刷电机使用交流电，而多旋翼无人机的动力电池提供的是直流电，因此这让很多人存在一个误区，认为多旋翼无人机使用的电机为无刷直流电机。事实上，动力电池并没有直接给无刷电机供电，而是在这中间经过了电子调速器。多旋翼无人机所用的无刷交流电机分内转子无刷交流电机和外转子无刷交流电机两种，他们之间只是结构布置不同，但都有相应的应用。

图 3-7　无刷交流电机

有刷电机与无刷电机的基本结构都比较简单，都由转子和定子两个部分组成。我们常见的有刷电机基本上都为内转子形式的有刷电机。转子在外转动的为外转子无刷电机，转子在电机内部转动的为内转子无刷电机，见图 3-8。尽管有刷电机在多旋翼无人机中的使用并不多见，但是有刷电机仍然以独特优势在其他领域中使用，常见的有刷电机如图 3-9 所示。

3.2.2　无刷电机工作原理

无刷电机的工作原理与有刷电机大致相似，在无刷电机中，换相的工作交由控制器中的控制电路（一般为霍尔传感器＋控制器，更先进的技术是磁编码器）来完成。有刷电机采用机械换相，而无刷电机采用电子换向，

拓展知识

无刷电机

图 3-8　无刷电机分解图

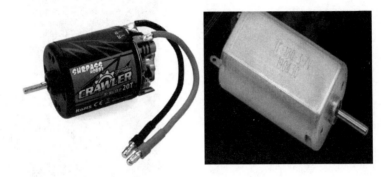

图 3-9　有刷电机

线圈不动，磁极旋转。无刷电机是使用一套电子设备，通过霍尔元件，感知永磁体磁极的位置，根据这种感知，使用电子线路适时切换线圈中电流的方向，保证产生正确方向的磁力来驱动电机，如图 3-10 所示。

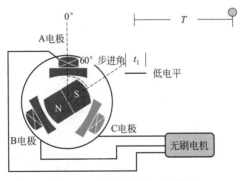

图 3-10　无刷电机的工作原理

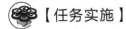【任务实施】

3.2.3　无刷电机轴承的更换

无刷电机轴承更换的操作说明及步骤见表 3-3。

表 3-3　无刷电机轴承更换的操作说明及步骤

操作步骤	操作说明	示意图
1	使用卡簧钳将无刷电机底部的卡簧拆除	
2	拆下卡簧后取出卡簧垫片	
3	将定子线圈与外转子分离（这里可以手动分离，也可以借助其他辅助工具）	
4	使用辅助工具将无刷电机定子线圈的上下轴承座内的轴承拆除	
5	利用毛刷清理定子线圈表面的灰尘及外转子磁钢表面的灰尘； 利用无水酒精及棉签清理轴承座内部残留的轴承胶	
6	选用中强度轴承胶，将其涂于轴承座表面（轴承胶不要涂抹过多）； 更换新的轴承至轴承座（这里推荐使用台钳压制轴承至轴承座内，以免定子线圈漆包线的损坏）	

续表

操作步骤	操作说明	示意图
7	在轴承更换完成后对无刷电机再次进行组装复原(复原后需确保电机运转正常)	

【任务测评】

1. 简述有刷电机和无刷电机的区别。
2. 简述电机轴承换向的具体步骤。

任务反馈:

任务 3.3 动力电池的日常维护

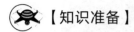

【知识准备】

3.3.1 常用动力电源

无人机动力电源主要为电机的运转提供能源。在我们的日常生活当中非常多的电池可以称之为动力电源，比如我们经常使用的碱性电池、纽扣电池、铅酸电池等。在无人机动力电源的使用中，动力电池主要有镍氢电池、镍镉电池、锂聚合物电池以及锂离子电池。由于镍氢电池与镍镉电池的重量以及能量密度比锂聚合物电池和锂离子电池低，所以目前无人机的动力电源一般采用锂电池（Li-polymer，简称 Li-po）。常见部分电池种类如图 3-11 所示。

拓展知识
锂电池

3.3.2 锂电池

锂系电池分为锂聚合物电池和锂离子电池。日常使用的手机和笔记本电脑使用的都是锂离子电池，俗称为锂电池。锂电池一般采用含有锂元素的材料作为电极，是现代高性能电池的代表。锂聚合物电池是一种倍率型电池，由于其危险性大，很少应用于日常电子产品。锂聚合物电池又称高分子锂电池，是一种化学性质的电池。与以前的电池相比，锂聚合物电池具有能量高、小型化、轻量化的特点。锂聚合物电池具有超薄化特征，可以配合一些产品的需要，制作成不同形状与容量的电池。那么如何区分倍率型锂电池（即锂聚合物电池）与锂离子电池呢？图 3-12 所示为锂聚合物电池和锂离子电池。

（1）性能介绍

目前多旋翼无人机所采用的动力电源大多为锂聚合物电池。关于电池性能的参数有很多，在无人机动力系统中使用者最关心的就是锂聚合物电池的电压、容量、充放电能力和额定功率。

① 电池的电压用伏特（V）来标识。标称电压是电池生产厂家根据国家标准标识的电压。在实际过程中随着使用时间的增加，电池的电压也是不断在变化。例如，镍氢电池的标称电压为 1.2V，在充满电之后电压可以达到 1.5V，放电后的保护电压为 1.1V。锂聚合物电池的标称电压为 3.7V，在充满电之后电压可以达到 4.2V，放电后的保护电压为 3.6V。

② 电池的容量也是衡量电池性能的重要参数，电池的容量用毫安时（mAh）或安时（Ah）来标识。电池容量的定义是以某一个电流来进行放电并且维持一小时来计算电池的容量，例如，容量为 5000mAh 的电池用 5000mA 来进行放电能放 1h。由于电池的放电不是线性的放电，所以这只是一个理论容量。一般来说，小电流的放电时间总是大于大电流的放电时间。通常，体积越大的电池所存储的电量越大。

③ 电池的充放电能力用倍率（C）来标识。对于锂聚合物电池来说，放电倍率的大小决定了一块锂聚合物电池所放出的最大电流，而充电倍率决定了该锂聚合物电池可以承受的最

大充电电流。接下来我们单以放电来讲解电池的充放电能力。1C、2C、0.2C 是电池放电速率，并是放电快慢的一种量度，同样也可以是充电快慢的一种量度。1C 表示电池 1h 完全放电时的电流强度，如标称为 2200mAh 的锂聚合物电池在 1C 强度下 1h 完成放电，此时该放电电流为 2200mA，因此不同容量的电池 1C 对应的电流大小也不一样。

(a) 碱性电池　　　　　　　　　　(b) 纽扣电池

(c) 铅酸电池　　　　　　　　　　(d) 镍氢电池

(e) 镍镉电池

图 3-11　常用部分电池种类

放电倍率＝放电电流/额定容量。例如额定容量为 100Ah 的电池用 20A 放电时，其放电倍率为 0.2C。所用的容量 1h 放电完毕，称为 1C 放电；5h 放电完毕，则称为 0.2C 放电。一般可以通过不同的放电电流来检测电池的容量。对于 24Ah 电池来说，2C 放电电流为 48A，0.5C 放电电流为 12A。同理，电池的充电倍率也是同样的计算方法。

　　④ 锂聚合物电池的额定功率。额定功率是锂聚合物电池的一项综合性能指标，既可以表现出该电池的容量大小，也可以表现出该电池的标称电压。在使用过程中，额定功率可以

(a) 锂聚合物电池 　　　　　　　　　　(b) 18650型锂电池

图 3-12　锂聚合物电池和锂离子电池

为电池的选用提供一个好的衡量指标。这里以单片锂聚合物电池为例说明。

额定功率＝电压×电流，即锂聚合物电池的标称电压（V）×电流（A）。例如：一块容量为 5000mAh 的电池的额定功率为 3.7V×5A＝18.5W。

（2）锂聚合物电池的安全使用

锂聚合物电池是一种非常危险的电池，因此使用者在日常的使用过程中必须更加注意安全。如果使用不得当可能会造成电池的损坏以及其他严重后果。

① 关于锂聚合物电池的充放电。一般情况下锂聚合物电池的体积越大，则其自身的散热性会降低，因此在充的过程中尽量做到通风及散热处理。由于锂聚合物电池在使用过程中都是以电池组的形式存在，所以在充电时尽量使用具有平衡功能的充电器对锂聚合物电池进行充电。锂聚合物电池的标称电压为 3.7V，其充满电之后的满电电压为 4.2V，所以在充放电时要防止对电池的过充和过放。充电后电池组的每片电池的电压不得高于 4.25V，放电后每片电池的电压不得低于 3.3V。锂聚合物电池是一种高倍率电池，不同倍率的电池所允许的充电电流不同。一般锂聚合物的充电倍率最高可达 5C，但是利用较高的电流对电池充电往往会对电池造成损害，严重情况下甚至可能会发生爆炸等情况，因此在锂聚合物电池的使用过程中，为了对电池进行安全保护，一般建议用 1C 的电流对电池进行充电。

② 长期使用的锂聚合物电池会因使用的次数的增加而造成内阻过大，内阻增大的原因一方面是锂聚合物电池的一种自然行为，另一方面是使用不得当会加速电池内阻的增大。内阻过大的电池在使用过程中一定要注意安全充电，尽量选用较小的电流进行充电，过大的电流容易造成电池的爆炸，因此要时刻注意电池内阻的大小。为了保证安全，建议放弃使用内阻过大的电池，且不建议在无人值守的情况下对电池进行充电。

【任务实施】

3.3.3　锂聚合物电池电量的监测与充电

锂聚合物电池电量监测与充电的操作说明及步骤见表 3-4。

表 3-4　锂聚合物电池电量监测与充电的操作说明及步骤

操作步骤	操作说明	示意图
1	确定锂聚合物电池的电芯串联数量,并找到锂聚合物电池的平衡头端口	
2	选用电量监测卡对锂聚合物电池各电芯的电压进行测试(选用正确监测口并避免反插导致监测卡损坏)	
3	观察电量监测卡上各组电芯的电压值及总电压值是否正常	
4	确定电池为非满电状态后对电池进行充电	
5	这里选择充电器 CH-2 通道对电池进行充电,因此电池需要连接充电器 CH-2 通道; 将电池的电源输入端口与充电器电源输出端口进行连接; 将电池平衡头端口与充电器平衡头端口连接	

续表

操作步骤	操作说明	示意图
6	点击 CH-2 通道控制的 stop/start-2 按键，进入电池类型选择界面	
7	旋转此按键对电池类型进行选择	
8	选择 0 号 LiPo 类型并按下旋转按键进行确定	
9	通过旋转按键的旋转对电池的充电程序进行选择（电池使用的情况下选择 Charge 即可）； 点击充电器上的 TAB 按键跳转至电池参数的设置（这里要确定电池的容量、电芯的数量、充电电流的大小以及充电模式的选择）； 通常情况下，为了更好地使用电池，建议使用 User Balance 充电模式	
10	通过旋转按键将选框移动至 Start 选项，按下旋转按键，对充电器进行充电确认	

续表

操作步骤	操作说明	示意图
11	观察 CH-2 通道的充电电流,以此判断充电器是否正常充电	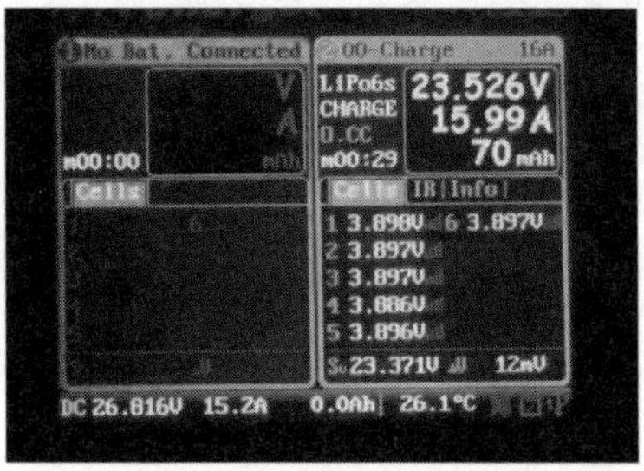

3.3.4　锂聚合物电池的放电

锂聚合物电池放电的操作说明及步骤见表 3-5。

表 3-5　锂聚合物电池放电的操作说明及步骤

操作步骤	操作说明	示意图
1	充电器接通电源。确保充电器正常工作	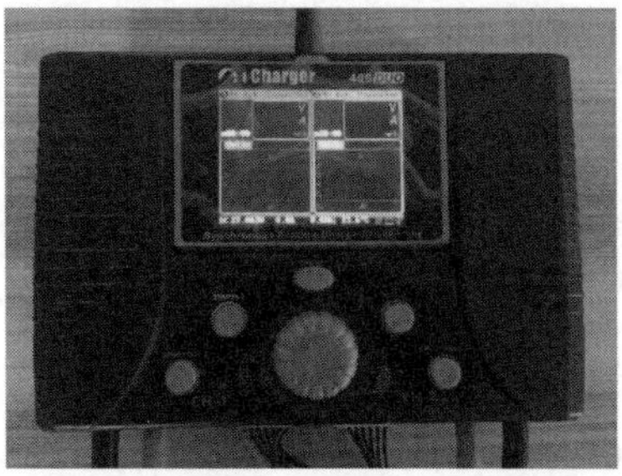
2	选择充电器 CH-2 通道,将电池的电源输出端口与充电器电源输出端口进行连接; 将电池平衡头端口与充电器平衡头端口连接	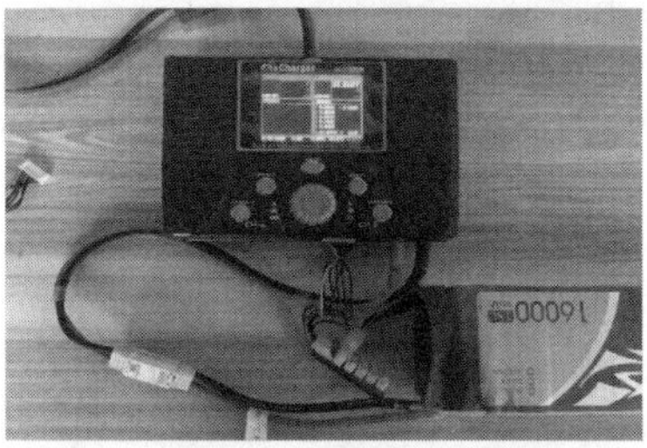
3	点击 CH-2 通道控制的 stop/start-2 按键,进入电池类型选择界面	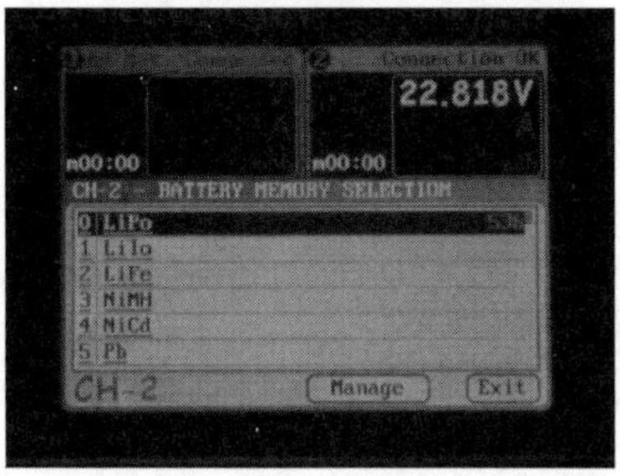

续表

操作步骤	操作说明	示意图
4	通过旋转按键的旋转对电池的放电程序进行选择。这里选择 Discharge 放电模式	
5	按下 TAB 键并移动选框，对放电电流进行更改	
6	改变放电截止电压	
7	参数设置完成后移动选框至 Start 选项并进行放电的确认	
8	观察充电器是否进入放电模式（判断依据：观察是否存在放电电流）	

3.3.5　电池的安装与紧固

电池安装与紧固的操作说明及步骤见表 3-6。

表 3-6　电池安装与紧固的操作说明及步骤

操作步骤	操作说明	示意图
1	准备魔术贴与魔术扎带,确保魔术扎带的长度合适	
2	将魔术贴背部的背胶撕下。将毛面或钩面粘贴在电池背面(这里选择毛面,粘贴后需要反复按压确保粘贴牢固)	
3	将魔术贴的钩面粘贴至无人机电池板上,并确保粘贴牢固	
4	将魔术扎带穿入无人机电池板预留位置(要求魔术扎带毛面朝外)	
5	通过魔术贴将动力电池粘贴至电池板	

续表

操作步骤	操作说明	示意图
6	绑紧魔术扎带，并检查电池是否牢固	

【任务测评】

1. 简述动力电池充电的具体步骤。
2. 简述电池各组电芯的电压测量的具体方法和步骤。

任务反馈：

任务 3.4　电子调速器的设置

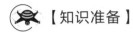 【知识准备】

拓展知识

电调

3.4.1　基础知识

电子调速器，简称电调，英文 Electronic Speed Control，简称 ESC。针对电机不同，可分为有刷电调和无刷电调，如图 3-13 所示。电调根据控制信号来调节电机的转速。

(a) 无刷电调

(b) 有刷电调

图 3-13　电调

在多旋翼无人机电调的使用过程中，由于大多数无人机使用无刷电机，所以一般会选用无刷电调。无刷电调一般会由电源输入端、输出端及控制线三个部分组成。一些电调还设计了定速线（例如直升机电调）。电调的作用就是控制电机完成规定动作。电调的电源输入端连接电池，输出端连接电机，控制线连接飞控或者接收机。在多旋翼无人机中，电调的控制线都是连接飞控的控制端口，而在航模固定翼及航模直升机（有副翼）中均可以直接连接接收机，如图 3-14 所示。

常见的无刷电调有两类。一类为具有稳压输出功能的电调，即具有 BEC；另一类为没有稳压输出功能的电调。在多旋翼无人机的发展过程中，早期的电调大多为具有稳压输出功

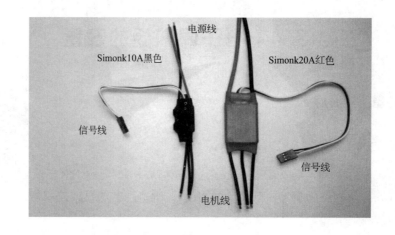

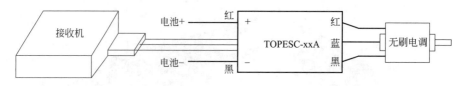

图 3-14　无刷电调

能的电调，一方面用于无刷电机的控制；另一方面为电子设备提供电源，同时也可以为飞控直接提供电源。然而，随着多旋翼无人机的发展，逐渐地取消掉了稳压输出这个功能，原因之一是由于电调提供的稳压输出不容易满足飞控及电子设备的需求。BEC 大多采用线性稳压方式，线性稳压方式的优点是线路简单，体积小，只要一个稳压管就可以了，但缺点是转换效率不高，稳压的时候能量损耗大（线性稳压效率一般只有 65%～70%），所以在工作过程中稳压管会很烫。由于 BEC 的效率不高，并且带有稳压输出的电调会对飞控本身造成一定的影响，例如干扰等，所以目前多旋翼无人机使用的电调基本上没有 BEC，即不具有稳压输出的功能。那么具有稳压输出功能的电调与没有稳压输出的电调在外观上有什么区别呢？最直观的区别就是电调的控制线组是否具有电压线。有稳压输出功能的电调的控制线组包含"+"电压输出、"−"地线以及"s"信号线三组；无稳压输出功能的电调只包含"−"地线及"s"信号线两组。图 3-15 所示为好赢天行者系列 80A 及好赢乐天系列 40A电调。

3.4.2　电调选用的注意事项

随着无人机相关电子设备的日益发展，电子调速器的适用方向也划分的越来越细，有的电调专门用在无人直升机上，有的电调专门用在多旋翼无人机上，而有的电调专门用在固定翼无人机上。例如，好赢品牌的铂金系列电调一般用在无人直升机上面，乐天系列电调用在多旋翼无人机上面，天行者系列电调则用在固定翼无人机上面。

关于选用输出电流的大小，在根据无人机的自身重量以及想要达到的载重量选择好合适的电机以后，根据电机的动力输出特性来选择最合适的电调。通常，在选取电调时都会进行有余度的选择，假如电机发挥最大功率时的电流为 20A，那么在选取电调时都会以所需电流的 2～3 倍进行选择。

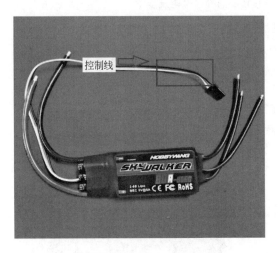

图 3-15　好赢天行者系列 80A 及乐天系列 40A 电调

3.4.3　电调的主要参数

电调上面标注的参数具有不同含义。例如，好赢铂金 120A 电调的 120A 数据代表该电调稳定输出电流为 120A，其瞬间最大的电流可以达到 150A 以上。在早期电子调速器还不发达时，电调上面标注的电流一般为瞬间最大电流，而实际的稳定输出电流要比实际标注电流小。随着电子调速器的发展，现在的电子调速器标注的电流一般为稳定输出电流。

输入电压范围表示电调所允许输入的电压的范围。不同的电调，输入的电压是不同的。同为 120A 的电调，输入的电压范围也是不同的，所以在选取电调时一定要根据自己的需求去选用。带有稳压输出功能的电调也同样会标注该 BEC 输出的电流及电压，所以在选取电调时要阅读该电调的相关说明及应用范围，如图 3-16 所示。

主要参考参数：
持续/峰值电流：120A/150A
电池节数：3～6 LiPo

图 3-16　某电调的相关说明

【任务实施】

3.4.4　无刷电调油门行程的校准

无刷电调油门行程校准的操作说明及步骤见表 3-7。

表 3-7　无刷电调油门行程校准的操作说明及步骤

操作步骤	操作说明	示意图
1	准备电调油门行程校准所需要的相关设备（确保电调、电机和动力电池的匹配）	
2	利用测电卡检查动力电池是否有电	
3	将电调的三根输出端线与电机的三根输入端线连接（无顺序要求，任意连接即可）	
4	①将电调的控制线插入接收机 CH3 通道（注意接收机针脚的定义，标签朝上，每个通道由上往下针脚定义依次为：信号端、电源＋、电源－）；②对于无 BEC 功能的电调，控制线同样插入接收机 CH3 通道，这里需要单独的电源来给接收机供电（注意接收机电源的工作范围，电源对应插入任意一个通道的电源正负端即可）	
5	双击遥控器右侧"LNK"按键，进入"LINKAGE MENU"关联菜单	

续表

操作步骤	操作说明	示意图
6	滑动触摸按键选中"REVERSE"并点击"RTN"进入该菜单	
7	在进入"REVERSE"菜单后,滑动触摸按键,将 3THR 更改为"REV"	
8	更改完成后,点击"HOME/EXIT"按键依次返回上层菜单,直至主界面即可	
9	将油门摇杆推至最大	
10	接通电调电源,待电机发出"滴滴滴-滴滴"声响后,电调将进入油门行程校准程序	
11	进入电调油门行程校准程序后,将遥控器油门摇杆迅速拉至最低,即完成了电调油门行程的校准(注意电调进入油门行程校准程序后,要迅速完成油门行程的校准工作,以免因为电调其他程序的设置选项而导致校准失败)	

【任务测评】

1. 简述电子调速器的电流标识的含义。
2. 简述油门行程校准的具体步骤。

任务反馈：

任务 3.5　螺旋桨的选取

【知识准备】

3.5.1　螺旋桨的定义

螺旋桨是指靠桨叶在空气或水中旋转，将发动机转动功率转化为推进力的装置。螺旋桨分为很多种，应用也十分广泛，如应用于飞机、轮船的推进器等。不同的螺旋桨应用方向也是不同的。在多旋翼无人机中使用的螺旋桨为空气桨，如图 3-17 所示。

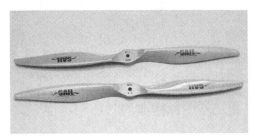

图 3-17　空气螺旋桨

空气螺旋桨分为定距螺旋桨和变距螺旋桨两大类。

① 定距螺旋桨是指螺旋桨的桨距（或桨叶安装角）固定，如图 3-18 所示。

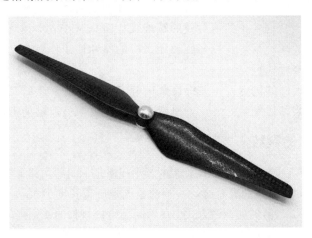

图 3-18　定距螺旋桨

多旋翼无人机一般采用定距螺旋桨。它的桨距（或桨叶安装角）是固定的，其推力的大小根据转速的大小而随之变化。

② 变距螺旋桨的桨叶的安装角度是可以变化的，如图 3-19 所示。

变距螺旋桨是可变桨距的螺旋桨。螺旋桨变距机构可以根据需求由液压或电力驱动。在相同的转速下通过改变桨距的大小来改变推力的大小。

图 3-19　变距螺旋桨

螺旋桨的工作原理是在螺旋桨旋转时，桨叶不断把大量空气（推进介质）向后推去，并在桨叶上产生一向前的力，即推进力。螺旋桨有 2、3 或 4 个桨叶，一般而言，桨叶数目越多，吸收功率越大，可产生的推力也会相对大一点。

3.5.2　螺旋桨的材质和特性

多旋翼无人机大多使用凹凸桨型的螺旋桨。螺旋桨的制作材质是不同的，例如，塑料材质、尼龙材质、碳纤维材质、木质等。不同材质制作的螺旋桨具有不同的特性。

对于塑料材质的螺旋桨，其价格低廉，制作成本比较低，但是强度不足，承受的拉力有限，一般应用在比较小的多旋翼无人机上，如 250 级别的小型穿越机上；对于尼龙材质的螺旋桨，由于在生产过程中加入了尼龙原料，所以在强度上会优于塑料材质；对于碳纤维材质的螺旋桨，其在强度上会远大于其他材质的螺旋桨，但是制作成本相对于其他材质的螺旋桨也会很高；对于木质的螺旋桨，其在多旋翼无人机的早期使用比较多，后期逐渐被碳纤维材质及尼龙材质的螺旋桨所代替。

不同螺旋桨具有不同的优点，木质螺旋桨的静音性比较好，碳纤桨的强度比较高，但是碳纤桨平衡性比塑料桨和尼龙桨差一点，所以在选用时要根据自己的需求选择螺旋桨。

3.5.3　螺旋桨的参数

不同级别的多旋翼无人机所使用的螺旋桨的大小规格是不同的，其主要不同表现在桨的尺寸大小和螺距上面。如 1555 规格的螺旋桨，表示的是该螺旋桨长度为 15 英寸，桨距为 5.5 英寸。不同的厂家在标注螺旋桨型号时，标注方式也尽不同。1555 规格的螺旋桨还可以标注为 15×5.5。

多旋翼无人机除了标准型号以外还有正反桨之分，通常正桨为逆时针旋转，用 CCW 表示，反桨为顺时针旋转，用 CW 表示。不同转向的螺旋桨在安装时要根据要求安装在正确的位置，否则会引起多旋翼无人机的侧翻。

【任务实施】

3.5.4　螺旋桨完整性检查与静平衡的检测

螺旋桨完整性检查与静平衡检测的操作说明及步骤见表 3-8。

表 3-8　螺旋桨完整性检查与静平衡检测的操作说明及步骤

操作步骤	操作说明	示意图
1	进行螺旋桨外观完整性检查(注意螺旋桨桨根处有无断裂,桨尖处有无破损)	
2	检查螺旋桨静平衡(将桨平衡器水平放置至平整桌面上)	
3	拿下桨平衡器的螺旋桨固定丝杆,并拆下螺旋桨固定螺钉	
4	将螺旋桨固定丝杆装在螺旋桨重心孔内,并旋紧	
5	将装有固定丝杆的螺旋桨放在桨平衡器上	

续表

操作步骤	操作说明	示意图
6	通过观察发现螺旋桨的两片桨叶存在重量差异（图中左侧桨叶重量大于右侧桨叶重量）	
7	利用砂纸对较重的一边桨叶进行打磨（为了保证螺旋桨外观的美观性，只对背面进行打磨即可）	
8	通过打磨较重的一片桨叶使其重量减少直至两叶桨的重量基本一致即可	

【任务测评】

1. 简述 1555 的螺旋桨各数值的含义。
2. 简述螺旋桨做静平衡检测的具体步骤。

任务反馈：

任务 3.6　遥控器的使用

【知识准备】

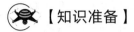

拓展知识

遥控链路

3.6.1　遥控器概述

遥控器是无人机操作系统中必不可少的一个部分。遥控器是无人飞行器收发控制指令的重要设备，用于远程控制飞行器。遥控器包含两部分：发射机和接收机。受限于无人机行业的现状和特点，目前国内大部分民用无人机使用的是为航模所设计的遥控器，其具有功能强大，性能可靠的特点。目前来说，该类遥控器适用于大部分民用无人机。无人机的遥控器像家里的电视机遥控器一样，不需要接触物体就可以操控它。若要操控物体就需要一个发送指令的物体，即遥控器。被操纵端需要一个接收指令的部件，即接收机。无人机遥控器通过无线电波将指令发送给接收机，使接收端读取指令，做出相应的动作。发射机的作用是把操纵指令转换为带有控制信息的无线电信号，并把无线电信号辐射向空中。接收机作用是接收发射机所发出的无线电信号。图 3-20 所示为常见的接收机及遥控器的形式。

图 3-20　接收机与遥控器

无人机遥控器的主流通信频率为 2.4000～2.4835GHz，这个范围的通信距离较远，基本在 1000m 左右。同样，家里的 WiFi、蓝牙也都是这个频率，虽然 WiFi、蓝牙都是基于2.4GHz 的，但是他们采用的协议不同，所以其传输速率不同，因此它们运用的范围就不同。同样是采用 2.4G 频率作为载波，但不同的通信协议衍生出的通信方式会有天壤之别，仅仅在传输数据量上，就有从 1M/s 到 100M/s 的差别。

3.6.2　美国手和日本手

无人机的遥控器根据其操作方式不同基本分为两种：美国手和日本手。当然还存在中国手和欧洲手，但是美国手和日本手使用较多。这几种遥控器除了操作方式不同外，没有什么本质区别。

首先介绍美国手和日本手的起源。美国人发明了飞机，而且他们的航空业非常发达，很多人是先飞有人机，然后才飞航模的。飞过有人机或者模拟器的操作员应该都知道，有人机右手握驾驶杆，前推后拉是俯仰，左右压杆是滚转，左手握油门杆，只能前推加油门、后拉减油门，不能左右动，变航向靠的是脚下的舵。因此，当初美国人制造的航模遥控器就是按照美国人的习惯制作的，右手控制俯仰滚转，左手控制油门航向。但是美国手对于新人或者没有飞过有人机的人来说存在一定的问题：滚转和俯仰是使用最频繁的两个舵，都在右手，右手很忙，但是左手没事，出于紧张，右手打俯仰难免会带来横滚。因此，日本人改良了打杆方式，把这两个最频繁的动作分开，俯仰放到左边，油门放到右边，这就是日本手，如图3-21所示。还有一点最重要的是，无论美国手的油门杆还是日本手的油门杆都不具有回中的功能，其油门杆是没有弹性的，这都是源于航模的习惯，而商业级产品配套的遥控器都具有自动回中的功能。

图 3-21　美国手和日本手

3.6.3　通信协议

遥控器与无人机的通信协议有很多种，常见的协议如下：

① pwm：需要在接收机上接上全部 pwm 输出通道，每一个通道就要接一组线，解析程序需要根据每一个通道的 pwm 高电平时长计算通道数值。图 3-22 所示为 pwm 接收机利用示波器所采集到的波形图。

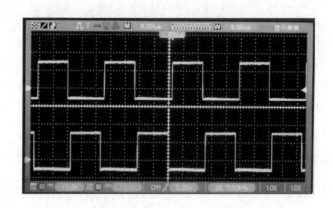

图 3-22　pwm 接收机的波形图

② ppm：ppm 信号是将多个控制通道（一般为 10 个）集中放在一起调制的信号，也就是一个 ppm 脉冲序列里包含了多个通道的信息。图 3-23 所示为 ppm 接收机利用示波器所采集到的波形图。

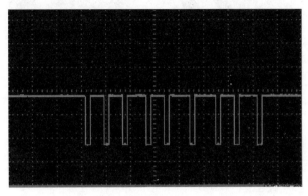

图 3-23　ppm 接收机的波形图

③ sbus：每 11 个 bit 位表示一个通道数值的协议，通信方式为串口通信，但是 sbus 的接收机通常是反向电平，连接到无人机时需要接电平反向器。大部分支持 sbus 的飞行控制板已经集成了反向器，因而直接将新机连接到飞行控制器即可。

④ xbus：常规通信协议，支持 18 个通道，数据包较大，串口通信有两种模式，可以在遥控器的配置选项中进行配置。接收机无需做特殊配置。

3.6.4　常用功能

无人机遥控器的品牌非常多，目前主流的品牌有 futaba、JR、睿思凯、天地飞、乐迪、富斯、地平线等。我们常使用到的遥控器的功能基本上有：教练功能，模型选择，对频，舵机反向，通道分配等。我们以 futaba 遥控器为例，对常用的功能进行介绍。

① 教练功能（TRAINER）：该功能主要完成主副控的功能设置，方便老师带学生进行实飞训练。

② 模型选择（MODEL SELECT）：该功能主要是设定所飞的机型，比如固定翼或者直升机等。

③ 系统设置（SYSTEM）：该功能主要是进行遥控器的对频操作。

④ 舵机反向（SERVO REVERSE）：该功能主要是将通道舵机的动作方向反转。

⑤ 功能设置（FUNCTION）：该功能主要是进行通道的分配。

3.6.5　天线

通常，无人机遥控器的天线与接收机的天线大多为全向天线，当然也存在定向天线，如图 3-24 所示。不同的天线具有不同特性，在安装无人机时，对接收机天线的摆放也是有要求的，而对遥控器天线的摆放同样也有要求。合适的摆放位置可以使遥控器与接收机的通信效果更佳。

全向天线在水平方向上 360°均匀辐射，也就是平常所说的无方向性。全向天线在水平方向和垂直方向上的辐射范围如图 3-25 所示。

在空间上的辐射范围如图 3-26 所示。图 3-26 中 z 轴方向为天线方向，水平方向无线信

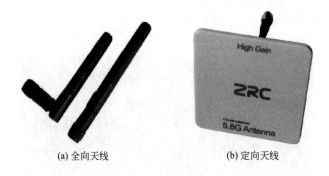

(a) 全向天线　　　　　　　(b) 定向天线

图 3-24　全向天线和定向天线

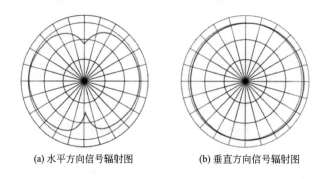

(a) 水平方向信号辐射图　　　　　(b) 垂直方向信号辐射图

图 3-25　全向天线的辐射图

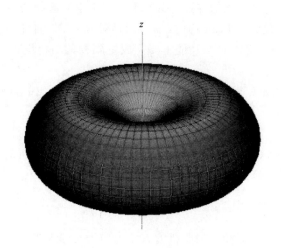

图 3-26　辐射空间图

号最强，竖直方向无线信号最弱。

　　遥控器的接收机天线通常为两根鞭状全向天线，一根接收机天线与地面平行，另一根垂直于地面，两根天线呈 90°摆放时，无线信号最强，且无线覆盖范围最广。遥控器天线的摆放要根据无人机所处的位置随时做出调整，以确保无线信号的强度最佳。

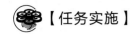 【任务实施】

3.6.6　模型的建立和接收机的对频

模型的建立和接收机对频的操作说明及步骤见表3-9。

表3-9　模型的建立和接收机对频的操作说明及步骤

操作步骤	操作说明	示意图
1	双击LNK键进入关联菜单的功能界面（LINKAGE MENU），滑动滑轮选中模型选择（MODEL SELECT）	LINKAGE MENU 1/2 SERVO ：SUB-TRIM MODEL SEL.：REVERSE MODEL TYPE：FAIL SAFE SYSTEM ：END POINT FUNCTION ：SRVO SPEED
2	点击RTN键就可以进入到选择模型的界面中，要新建一个模型，所以滑动光标选中NEW	MODEL SEL. MODEL2 1MODEL-01 NEW 2MODEL2
3	单击RTN进入MODEL TYPE页面中，以建立多旋翼模型为例。模型类型选择MULTIROTOR（多旋翼），至此新模型建立成功	MODEL TYPE TYPE MULTIROTOR
4	完成选型后将光标移动到MODEL TYPE上，单击RTN后可直接进入接收机的选配页面（这里选的接收机是Futaba R7008SB），选择FASSTest-14CH SINGLEG即可	SYSTEM FASSTest-14CH SINGLE G P--------- B.F/S 3.8V TELEMETRY ACT DL1.0s
5	点击"LINK"，遥控器进入对频状态，同时遥控器发出提示音。此时给无人机通电将完成对频。对频后接收机LED将变为绿色长亮，此时对频成功	SYSTEM FASSTest-14CH SINGLE G P--------- LINK B.F/S 3.8V TELEMETRY ACT DL1.0s

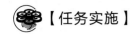 【任务测评】

1. 简述遥控器对频操作的具体步骤。
2. 简述遥控器设置新模型的具体步骤。

任务反馈：

任务 3.7　飞行控制系统的调试

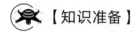【知识准备】

拓展知识

飞控概述

3.7.1　飞控概述

无人机的飞行控制系统简称飞控。无人机飞控是指能够稳定无人机飞行姿态，并能控制无人机自主或半自主飞行的控制系统，是无人机的大脑。飞控系统是无人机完成起飞、空中飞行、执行任务和返场回收等整个飞行过程的核心系统。飞控对于无人机而言，相当于驾驶员对于有人机的作用，是无人机最核心的部分之一。飞控主要用于飞行姿态控制和导航。对于飞控而言，首先要知道飞行器当前的状态，例如，三维位置、三维速度、三维加速度、三轴角度和三轴角速度等总共 15 个状态。由于多旋翼飞行器本身是一种不稳定系统，因此要对各个电机的动力以超高频率不断调整并进行动力分配，才能实现稳定悬停和飞行，所以，对于航拍无人机来说，即使最简单的放开摇杆来使飞行器自主悬停的动作，也需要飞控持续监控这 15 个状态，并进行一系列"串级控制"，才能使飞行器做到稳定悬停。这一点看起来很简单，但其实飞控系统里面的运算是非常复杂的。

常见的多旋翼无人机的飞控有很多种，可大致分为两大类：一类是 APM、PIX 系列等开源飞控；另一类为例如大疆飞控、零度飞控等闭源飞控，如图 3-27 所示。这两类飞控的最大区别就是开源飞控具有飞控开发代码开源的特点，可以用于二次功能的开发，而闭源飞控在功能上可开发的空间不如开源飞控。

图 3-27　不同类别的飞控

无人机飞控通常与惯性测量单元（IMU）、气压计、电子罗盘等元器件共同组成飞行控制系统，常用部件见图 3-28。在飞行器飞行过程中，飞控感知飞行器的飞行高度、速度、角度及位置信息，按照预先设定好的飞行计划或临时接收的飞行指令，控制飞行器的不同部件做出相应的动作。

3.7.2　飞控的重要组成部分

（1）惯性测量单元

现在的飞控内部使用由三轴陀螺仪、三轴加速度计、三轴地磁传感器和气压计组成的

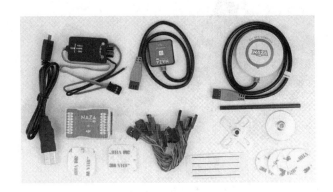

图 3-28　常用部件

IMU，IMU 也称惯性测量单元（有的 IMU 不含气压计）。三轴陀螺仪、三轴加速度计、三轴地磁传感器中的三轴指的是飞机的左右、前后以及垂直方向这三个轴，一般用 X、Y、Z 来代表。左右方向在飞机中叫做横滚，前后方向在飞机中叫做俯仰，垂直方向是升降。

陀螺在不转动的情况下很难站在地上，只有转动起来了，它才会站立在地上；自行车的轮子越大越重就越稳定，转弯的时候明显能够感觉到一股阻力，这就是陀螺效应。根据陀螺效应，聪明的人类发明了陀螺仪。最早的陀螺仪是一个高速旋转的陀螺，通过三个灵活的轴将这个陀螺固定在一个框架中，无论外部框架怎么转动，中间高速旋转的陀螺始终保持一个姿态，通过三个轴上的传感器就能够计算出外部框架旋转的度数等数据。但由于机械陀螺仪成本高，机械结构复杂，现在已被电子陀螺仪代替，如图 3-29 所示。电子陀螺仪的优势就是成本低、体积小、重量轻，只有几克重，稳定性还有精度都比机械陀螺仪高。陀螺仪在飞控中的作用主要是测量 XYZ 三个轴的倾角。

图 3-29　电子陀螺仪

在我们开车起步的一瞬间就会感到背后有一股推力，这股推力就是加速度，加速度是速度变化量与发生这一变化所用时间的比值，是描述物体变化快慢的物理量，单位为 m/s^2。加速度乘以时间为速度，速度乘以时间为距离。三轴加速度计一个很重要的作用是测量 XYZ 轴三个方向上的距离，也就是用于位置的控制。图 3-30 所示为三轴加速度计。

图 3-30　三轴加速度计

三轴地磁传感器可以是电子罗盘或者电子指南针。地磁传感器用于感知地磁，是一个电子指南针（或叫电子罗盘），它可以让飞机知道自己的飞行朝向和机头朝向，并找到任务位置和"家"的位置。因为指南针是一个极容易被外界磁场影响的传感器，所以当受到外界磁场干扰时指南针的计算就会出错，因此为了降低无人机本身对指南针的干扰，一般情况下电子罗盘会与 GPS 集成在一起，安装时需要远离其他电子设备，进而避免对指南针造成干扰，电子罗盘如图 3-31 所示。

气压计是测量当前位置的大气压，高度越高，气压越低，这就是人到高原之后会有高原反应的原因。气压计通过测量不同位置的气压，计算压差来获得当前的高度。以上就是整个 IMU 惯性测量单元，如图 3-32 所示，它在无人机中的主要作用就是感知无人机姿态的变化。

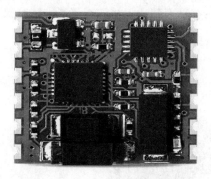

图 3-31　电子罗盘

图 3-32　IMU 惯性测量单元

（2）GPS

GPS 是一个接收机，主要接收地球同步卫星的信号。同步卫星的位置是固定的且是已知的，据此可以推算出 GPS 接收机的位置。因此，GPS 主要提供位置信息。GPS 接收机通过解算来自多颗卫星的数据包以及时间信号，可以清楚地计算出自己与每一颗卫星的距离，进而使用三角向量关系计算出自己所在的位置。GPS 定位成功后会将数据编译成电子信号传给飞控，让飞控知道自己所在的位置、任务的位置和距离、"家"的位置和距离以及当前的速度和高度，然后再由飞控控制无人机飞向任务位置或"回家"，GPS 接收机如图 3-33 所示。

图 3-33　GPS 接收机

 【任务实施】

3.7.3　IMU 的校准

IMU 校准的操作说明及步骤见表 3-10。

表 3-10　IMU 校准的操作说明及步骤

操作步骤	操作说明	示意图
1	检查遥控器电量并启动（需确保当前遥控器与无人机匹配）	
2	连接数字传输模块（简称数传模块）至装有调参软件的电脑	
3	打开调参软件，数传模块将自动与无人机连接并进行通信（通过左下角通信指示灯的提示及相关数据判断通信是否正常）	

操作步骤	操作说明	示意图
4	点击"工具"选项，进入 IMU 惯性测量单元的校准	
5	点击 IMU 校准后点击"确定"（注意：校准过程中需确保无人机处于静止状态）	
6	待调参软件提示 IMU 校准成功后，点击"确定"退出 IMU 校准	

3.7.4　电子罗盘的校准

电子罗盘校准的操作说明及步骤见表 3-11。

表 3-11　电子罗盘校准的操作说明及步骤

操作步骤	操作说明	示意图
1	打开遥控器并检查电量以确保遥控器发射机正常工作	
2	接通无人机电源（确保飞控自检通过）	

操作步骤	操作说明	示意图
3	拨动遥控器预先配置的"飞行模式"并切换开关 5 次以上,进入电子罗盘水平校准(注意:水平校准时,LED 指示灯应为蓝灯常亮)	
4	在进行电子罗盘水平校准时,水平端起无人机并旋转一周	
5	水平校准成功后将自动进入电子罗盘垂直校准(注意:垂直校准时,LED 指示灯应为绿灯常亮)	
6	进行电子罗盘垂直校准时,应保持机头方向垂直于地面,并端起无人机然后旋转一周	
7	待无人机完成电子罗盘校准后,LED 指示灯将会变为当前所处飞行模式下的闪烁状态	

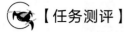 【任务测评】

1. 简述 IMU 惯性测量单元的组成。
2. 简述无人机的电子罗盘校准的具体步骤。

任务反馈：

任务 3.8   图像与数据传输模块的使用

【知识准备】

拓展知识

通信链路

3.8.1   图像传输模块

图像传输模块是无人机的另一重要的模块，简称图传。目前大多数航拍无人机均拥有图像传输模块，其主要作用就是将无人机上搭载的镜头所捕捉到的画面实时传送到地面监视器。图传由发射端与接收端这两部分组成，发射端就是将镜头画面以一定频率的无线电波发送给接收端。接收端接收到发射端传输回来的信号后就可以将画面展示在地面监视器上。

无人机所用的常见图传大体分为两大类，一类为模拟图传，另一类为数字图传。常见的图传的频率一般为 1.2GHz、2.4GHz 和 5.8GHz 等，其中，1.2GHz 的图传频率为管制频率波段，所以很少使用；早期 5.8GHz 的模拟图传频率使用较多。数字图传大多使用2.4GHz 频率。常见图传如图 3-34 所示。

(a) 1.2GHz图传　　　　　　(b) 5.8GHz图传

(c) 2.4GHz高清图传

图 3-34　常见图传

（1）模拟图传与数字图传优缺点分析

早期的图传设备都采用模拟制式，它的特点是只要图传发射端和接收端工作在一个频段上，就可以收到画面。

模拟图传的优点：价格低廉，市面上的模拟图传发射和接收套装的价格通常在 1000 元以内；可以同时接收多个视频信号，模拟图传的发射端相当于广播，只要接收端的频率与发射端一致，就可以接收到视频信号，方便多人观看；选择较多，搭配不同的天线可实现不同的接收效果；工作距离较远，以常用的 600mW 图传发射为例，模拟图传设备在开阔地的工作距离在 2km 以上。

模拟图传的缺点：发射端、接收端和天线的产品质量良莠不齐，新手选择困难；易受到同频干扰，在两个发射端的频率接近时，很有可能导致本机的视频信号被别人的图传信号插入，导致无人机丢失；接线、安装、调试需要一定经验，对于新手而言增加了学习成本；安装连接天线、接收端电池、显示器支架等过程较繁琐。

现在无人机厂家所开发的无人机套机通常都搭载了专用的数字图传，它的视频传输方式是通过 2.4GHz 或 5.8GHz 的数字信号进行的。

数字图传的优点：使用方便，通常只需在遥控器上安装手机/平板电脑作为显示器即可；中高端产品的图像传输质量较高，分辨率可达 720p 甚至 1080p；中高端产品的传输距离亦可达 2km，可与普通模拟图传相媲美；方便实时回看拍摄的照片和视频；集成在机身内，可靠性较高，一体化设计较为美观。

数字图传的缺点：中高端产品的价格昂贵；低端产品的有效距离短并且图像延迟问题非常严重，影响飞行体验和远距离飞行安全；在普通手机和平板电脑没有配备遮光罩的情况下，在室外环境下飞行时，较低的屏幕亮度使得使用者难以看清画面；限于厂商实力和研发成本，不同的数字图传对手机/平板电脑等显示器的兼容性没有得到充分验证，某些型号可能适配性较差。

（2）不同频率传输性能分析

① 1.2GHz：属于低频信号，穿透力极强，可覆盖所有无线视频传输的领域。

优点：波频最连贯，大多传输器都可处理主、辅两种波频，高于 2.4GHz 的信号传输相当于在海面或浅水游泳，低于 1.5GHz 的相当于在海底。已知市面上模块最大功率可达到 8000mW，图传的设备也可处理 64 位乃至更高的画质，发射器本身体积也极其微小，可无限延伸设备功能。大多 1.2GHz 信号的发射器都不受温差、相位、漂移的影响，也是微波无线视频传输器里最适合陆对陆传输的频率。

缺点：1.2GHz 是工信部最早严令禁止在空中使用的频段，但不包括经过许可的民用级产品。在国内，1.2GHz 信号段仍服务于军方和政府机构，同时也因为 1.2GHz 过强的功率会导致周边无线设备失灵，因此 1.2GHz 的产品并不能当作消费产品公开销售。

② 2.4GHz：该频段最广泛应用的领域是日常家用电器，其主要用途是陆地工业无线监控工程。

优点：其产品价格便宜，频点容易把控，最大可释放出 12 个频道。2.4GHz 无线视频传输器主要用于解决陆对陆无线监控问题，可让监控摄像机短程无线传输信号。发射器模块上的电子元器件体积大，间隔距离较远，散热效果较好，适合长时间超负荷作业，与 5.8GHz 相比有较好的穿透力和图像稳定性。2.4GHz 产品的功率甚至可以通过信号放大器、信号增益模块释放出 20W 以上的功率。

缺点：由于 2.4GHz 的产品较便宜，儿童遥控玩具、电视机遥控器、路由器等日常用品都会采用该频段，导致使用此频段的发射器特别容易被干扰，也就是传出来的画面会有大雪花点、断频、串频等问题。该频段还容易受温差漂移干扰，也就是水蒸气上升时能看到的扭曲背景。2.4GHz 信号段的视频传输器在市场上很少有标注实际功率的产品，用几百毫瓦的模块换一个大壳子就号称是 8W 或 10W 大功率。因此好多使用者会发现 2.4GHz，8W 的大功率的图传距离竟然不如 5.8GHz，600mW 的发射器距离远。

③ 5.8GHz：该频段的视频传输器暂时是航拍领域使用最广泛的无线微波视频传输器。

优点：5.8GHz 的产品体积轻盈，热量低，距离远，并且价位很透明，频道最大可释放出 32 个频道，因此，它至今仍是航拍领域微波图传的首选。在工信部信号限制当中，5.8GHz 微波信号是消费级开放频段，因此无论是否具有许可都可以用 5.8GHz 的信号作为航拍器的频段。在画质的处理上，5.8GHz 视频传输器能够完全释放出 64 位模拟色彩度输出。

缺点：波长问题导致该频段的信号穿透力极差，易受外界因素干扰。航拍的陆对空条件造就了绝对空旷的环境，因此工信部首先开放的就是 5.8GHz，并允许在消费级产品使用。5.8GHz 产品的实际功率基本上≤2000mW。

3.8.2 数据传输模块

无人机数据传输模块即数传电台，简称数传，通常也是由发射端与接收端两个模块组成的。数传电台是无人机的一个主要部件，可实现飞机与地面站的通信，如地面站上传任务给无人机，无人机将飞行高度、速度等信息实时下传给地面站，从而实现双向通信，如图 3-35 所示。

图 3-35 无人机数据传输模块

大部分数传电台采用的接口协议有 TTL 接口、RS-485 接口和 RS-232 接口，不过也有一些数传电台采用 CAN-BUS 总线接口。频率有 2.4GHz、433MHz、900MHz、915MHz 等，一般使用 433MHz，因为 433MHz 是个开放的频段，再加上 433MHz 波长较长，穿透力强，所以大部分民用用户一般都采用 433MHz，一般传输距离为 5～15km。

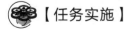【任务实施】

3.8.3 模拟图传的安装与对频

模拟图传安装与对频的操作说明及步骤见表 3-12。

表 3-12　模拟图传安装与对频的操作说明及步骤

操作步骤	操作说明	示意图
1	检查图传配件的完整性（注意配件是否缺失）	
2	安装图传发射机天线	
3	安装图传发射机视频输出线	
4	安装图传接收机天线	
5	将图传的发射端接入摄像头；将图传的接收端接入图传监视器（参照图传说明书进行安装）	
6	保持发射端频道不变，按下接收端对频按键进行频道搜索（注意每点击一次对频按键就切换一个频道）	

操作步骤	操作说明	示意图
7	对频完成后，监视器中将出现摄像头所采集到的画面	

3.8.4　图数一体设备的连接

图数一体设备连接的操作说明及步骤见表 3-13。

表 3-13　图数一体设备连接的操作说明及步骤

操作步骤	操作说明	示意图
1	将飞控与图数机载设备连接，再把机载收发天线与机载图数设备连接	
2	将吊舱通信线与图数机载设备连接	
3	将编码器与机载设备连接	
4	将吊舱 AI 线与编码器连接	

续表

操作步骤	操作说明	示意图
5	给飞控和机载设备通电（注意两设备的允许电压范围）	
6	给地面端电台通电	
7	将通信线与地面工作站连接	

【任务测评】

    1. 简述图传模块的作用。

    2. 简述数传模块的作用。

任务反馈：

任务 3.9 任务载荷的使用

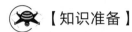【知识准备】

3.9.1 任务载荷

无人机任务载荷是指那些装配到无人机上的为了完成某种任务而挂载的相关设备。无人机只有挂载了相关的任务设备才能更好地发挥作用。任务载荷一般与侦察、投放、监测、遥感或货物等有关。无人机通常根据所携带的任务载荷进行设计。有些无人机可携带多种任务载荷。任务载荷的大小和重量是无人机设计时要考虑的最重要的因素。大多数民用无人机能承受的任务载荷的重量有限。部分民用无人机制造商采用可拆卸和可替换的任务载荷，如图3-36 所示。

图 3-36 无人机可搭载的任务载荷

目前民用无人机被应用到各行各业的原因在于自身的优势，即可以通过挂载不同的任务设备来完成不同的工作。无人机作为一个平台，作为一个载体，通过搭载不同的设备就可以实现不同的功能，例如目前应用最为广泛的航拍无人机可以高空拍摄的原因在于在无人机身上搭载了用于摄影摄像的高清摄像机。利用无人机的摄像机可以给人们带来不同的视角，图3-37 示出了航拍无人机。

无人机作为载体用途非常广，且其搭载的设备类型也非常多，因为不同行业会应用不同的设备，所以在无人机上使用的搭载设备也是各式各样，有用于测绘行业的，有用于消防救援行业的，有用于环境监测行业的，还有用于农业植物保护方面的。通常因应用领域不同无人机厂家划分的机型也比较细致。大多数无人机都是专用无人机并应用于相应的领域，并且可以通过搭载不同的设备应用于不同的行业，如图 3-38 所示。

图 3-37　航拍无人机

(a) 地理信息测绘行业无人机

(b) 应用于水上救援的无人机

(c) 应用于火灾消防的无人机

(d) 用于水质监测的环保类无人机

(e) 应用于农业植物保护的无人机

(f) 高空喊话无人机

图 3-38　搭载不同设备的无人机

3.9.2　云台概述

无人机云台是指用于在无人机上安装固定任务载荷的支撑设备，如常见的摄像机的固定设备。常见的无人机云台如图 3-39 所示。无人机云台会根据应用的需要设计成不同的大小、不同的结构。

云台的种类较多，其外形结构不尽相同，机械传动机构也不完全一样，但它们的电气原理是一样的。在不同端子上的交流控制电压的驱动下，由云台内部的电动机通过机械传动机构带动云台台面向指定方向运动，并使台面上的摄像机随云台台面一起转动，从而实现对大范围场景的扫描监视或对移动目标的跟踪监视。

(1) 按驱动方式分类

云台按驱动方式分为固定云台和电动云台。

图 3-39　无人机云台

① 固定云台是将相机与飞行器固定在一起，运用提前调整好的角度来拍摄，或调整无人机的角度来调整航拍时的视角。在一般的军用固定翼无人机上所使用的大多数是固定式航拍云台，其垂直面向地面拍摄，没有运动补偿等稳定画面的装置。在消费级无人机刚面世时，所采用的航拍云台大多也是固定云台，例如某商业级的 Phantom 一代等产品采用的就是固定式的设计，将相机与飞行器固定在一起，通过调整无人机的角度来调整航拍时的视角，如图 3-40 所示。

图 3-40　固定云台

固定云台优点是能够减少成本、减轻重量、省电，从而提高飞行时间；缺点也非常明显，就是航拍画质较差、无法改变视角。

② 电动云台主要是指其驱动方式是电动驱动的，是相对固定运动而言的。电动机能接收控制器的信号，从而精确地调整定位。在控制信号的作用下，云台上的摄像机既可自动扫描监视区域，也可在人工操纵下跟踪监视对象。

目前电动云台有伺服舵机云台和无刷云台两种形式。在无刷云台未出现时，无人机的云台大多使用伺服舵机驱动形式。伺服舵机驱动是指其驱动方式采用舵机驱动，该控制方式一般无云台控制板，而是通过飞控控制。图 3-41 示出了伺服舵机云台，舵机云台上大多会安装两台到三台伺服舵机，一方面控制云台的俯仰运动，另一方面控制云台的横滚运动。

图 3-41　两轴伺服舵机云台

随着无人机云台的不断更新，无刷云台渐渐地取代了舵机云台。无刷电机驱动是指其驱动方式采用无刷电机，是目前最常用的驱动方式，采用云台控制板驱动，转动平稳，相同重量的情况下力矩较大，且无噪声。图 3-42 示出了常见的无刷云台，其由两台到三台无刷电机驱动云台的俯仰运动、横滚运动及偏航运动。

图 3-42　无刷云台

不论是何种云台，其作用都是对无人机的前进、后退及其他运动时飞机姿态的变化能进行影像稳定弥补。三轴无刷云台在主流航拍无人机上比较常见，如图 3-43 所示。

无刷云台的优点是对航拍时的画面有全方位的稳定，保证画面清晰稳定；其缺点是工程造价较贵，由于云台的控制，所以相对会耗电，因此降低了航拍的续航时间。

（2）按驱动轴数分类

按驱动轴数分为两轴云台和三轴云台。

① 两轴云台是指在横滚方向、俯仰方向两个方向进行控制的云台，也就是具有两个自由度。图 3-44 示出了两轴无刷云台的运动方向。

② 三轴云台除了控制横滚方向、俯仰方向外，还可以控制偏航方向，总共有三个自由度。这样云台在不通过无人机航向运动的前提下，云台自身的控制也可以使转向角度变大。图 3-45 示出了三轴无刷云台的运动方向。

图 3-43 三轴无刷云台

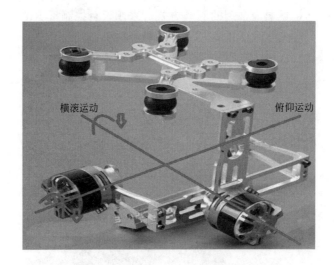

图 3-44 两轴无刷云台的运动方向

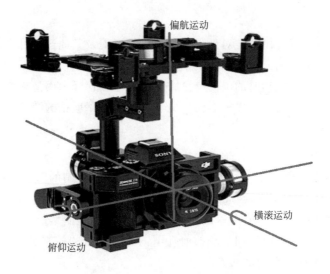

图 3-45 三轴无刷云台的运动方向

(3) 云台的组成

不论是几轴云台，何种驱动形式，云台均由云台主体部分、减震部分、控制部分及执行部分四部分组成。

① 云台主体部分　指固定任务载荷设备，安装固定云台执行机构及控制部分的安装架。图 3-46 示出了云台主体部分。

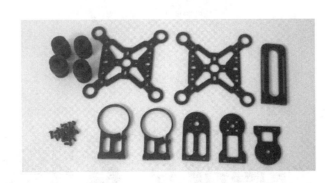

图 3-46　云台主体部分

② 减震部分　云台的减震部分是每种云台不可缺失的一部分，云台减震器由上下挂载板及橡胶减震球两部分组成，如图 3-47 所示。云台减震球的材料大多采用橡胶材质，减震球的好坏会直接影响减震效果，云台减震的主要作用在于过滤无人机螺旋桨高速运动时所带来的高频振动。

图 3-47　云台减震部分

③ 控制部分　指通过陀螺仪等传感器检测姿态后控制云台进行姿态补偿的控制板，一般分为两轴控制板和三轴控制板。图 3-48 示出了无刷云台的控制板。

④ 执行部分　指由控制板控制的无刷电机或伺服舵机。两轴云台具有两个无刷电机或舵机，三轴云台具有三个无刷电机或舵机。图 3-49 示出了常见的云台执行机构。

图 3-48　无刷云台的控制板

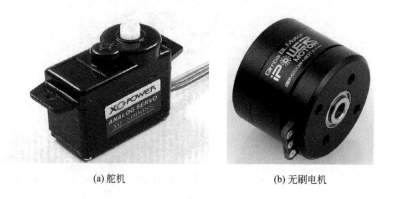

(a) 舵机　　　　　　　　　　　　　　(b) 无刷电机

图 3-49　云台执行机构

3.9.3　云台参数

无刷云台集成化非常高，每一种云台都专门为一种相机设计。控制模块本身的相关控制参数在出厂时都是由厂家进行工业化调试，针对其他 DIY 的云台则需要精心地调试。

DIY 类型的云台需要调试的都是机械部分。在机械部分调试前要将所用任务设备安装在云台上，这样可以使调节更为准确，其次也避免了不必要的二次调试。在安装好任务设备后，首先对云台的每个控制轴进行平衡调试，每个控制轴的平衡对于云台稳定性的影响是非常重要的。如果云台的控制轴长期在吃力状态下使用，可能会导致无刷电机过热，并且云台的修正效果也会受到影响。

如果云台在出厂时没有经过机械平衡部分的调节，则当该云台组装后首先要调节其机械部分。当完成机械部分调节后接下来就是云台控制板相关参数的调节，云台控制板的种类很多，不同的云台厂家所设计的云台都有着自己特定的云台控制板，有的云台控制板不涉及 PID 参数的调节，只需要简单地分配云台控制通道及调节相关特性即可。

通常云台的控制大体涉及以下几个参数，这里以某厂商云台的调节为例。

(1) 云台俯仰轴的最大速度

该参数的选项数值是 1～100。这个参数影响云台拨杆动作的快慢变化，如图 3-50 所示。

当数值参数设定为 1 时，云台的俯仰速度为在云台拨杆拨动时云台角度每秒变化 1°，由水平转向垂直时需要 90s 的时间。当需要小范围内精确移动时，这种俯仰可以使得画面非常稳定。

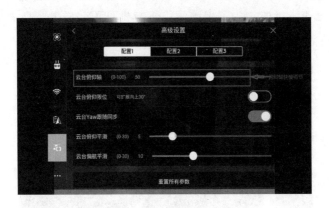

图 3-50 俯仰轴快慢调节

当数值参数设定为 100 时，云台的俯仰速度为在云台拨杆拨动时云台角度每秒变化 90°左右，这种变化速度非常快，不适合大多数场景拍摄。

那么云台俯仰轴的最大速度设置多少合适呢？这其中还有很重要的一点就是"手感"，有的人对于各个摇杆的控制非常精准，手指的动作非常细腻，这类人可以将数值设置得稍大一点，40～55 即可。对于新手而言，手指的细腻控制能力还没有养成，为了能拍出稳定的画面，这个参数需要设置得低一些，建议为 15～25。

(2) 俯仰平滑度

这个参数控制从开始操作到停止操作后云台的动作。一般当手指离开云台俯仰拨杆时，云台应立即停止运动，如果拍摄到画面是由云台俯仰变化产生的，则突然的云台停止会给拍摄画面带来不适感，缓和的停止才能极大地减少这种不适感。

如图 3-51 所示，这项参数的数值为 0～30。当参数为 0 时，即云台拨杆停止拨动后，云台将立刻停止运动；当设置参数为 30 时，手指停止俯仰云台拨杆后，云台仍然会惯性运动几秒左右。需要注意的是，俯仰缓启/停设置为 30 时，会影响云台俯仰轴最大速度为极限值 100 的反应。

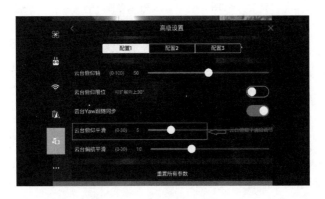

图 3-51 云台俯仰平滑度的调节

(3) 云台俯仰限位

该选项是云台俯仰"可扩展向上的角度"，如图 3-52 所示，云台过于向上有可能使镜头拍到桨叶，并且在急速飞行时，为了保护镜头不与机身顶部碰撞，会主动关闭这一项。因此，这一项用于在平稳飞行时可以获得更多的天空角度。

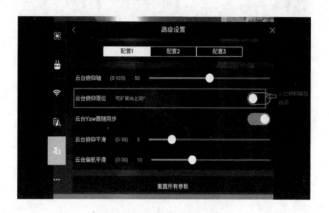

图 3-52　云台俯仰限位调节

对于需要调节云台控制板 PID 参数的云台，只有通过对每个轴的 PID 精确调节才可以使云台正常工作，调参界面如图 3-53 所示。

图 3-53　云台调参界面

(4) PID 的定义

P 值定义了对扰动的响应幅度。该数值越大，则响应幅度越大，也可以解释为传递到电机的传感器数据为"增益"。P 值从 0 逐渐缓慢增大直到达到优良的稳定性质量。太高的 P 值可能导致系统振荡，表现为逐渐增大的振荡幅度。

I 值定义了对接收器控制信号的响应速度。较低的 I 值可以使操作控制非常缓慢和平滑，但同时当大的偏差出现时也会非常慢地运动到水平位置。较大的 I 值可使相机迅速运动同时从倾斜状态快速恢复到水平位置。

D 值定义了对响应的抑制，用来阻止低频的振荡，但是太高的 D 值可能会给系统引入高频扰动，例如可能会把振动放大。因此尽量保持该数值接近 0。

【任务实施】

3.9.4　投放器脱钩的安装与测试

投放器脱钩安装与测试的操作说明及步骤见表 3-14。

表 3-14　投放器脱钩安装与测试的操作说明及步骤

操作步骤	操作说明	示意图
1	拆下投放器固定螺钉及垫片	
2	选择无人机合适位置安装投放器	
3	将投放器控制线插入接收机空余通道处(注意:接收机 1~4 通道已被占用,这里将控制线插入 CH5 通道)	
4	打开遥控器发射机后,双击"LNK"键进入关联菜单	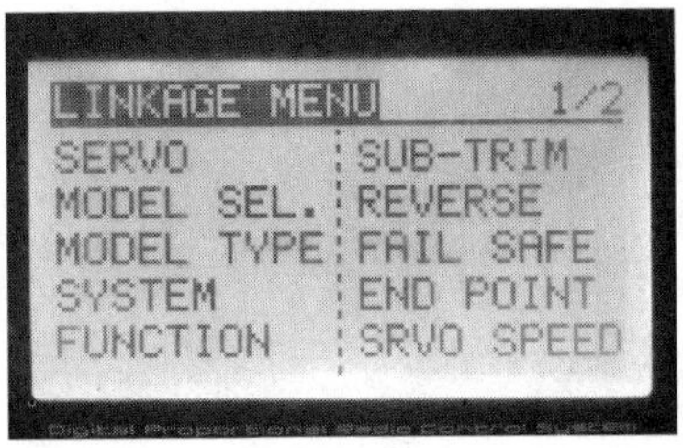

操作步骤	操作说明	示意图
5	滑动触摸按键选中"FUNCTION"并点击"RTN"进入该菜单	
6	进入"FUNCTION"菜单后,滑动触摸按键至第二页 5 GEAR SG 处并点击"RTN"进入通道开关的选择(这里可以直接使用"SG"开关,也可以重新选择)	
7	选择"SA"开关为投放器控制开关	
8	待投放器控制开关选择完成后,依次返回上层菜单直至返回主菜单	
9	测试"SA"开关是否可以控制投放器开启与闭合	

续表

操作步骤	操作说明	示意图
10	当"SA"开关处于关闭状态时,投放器应处于关闭状态	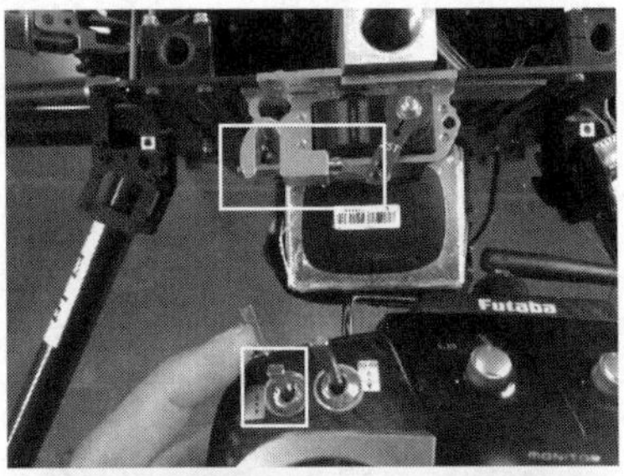
11	当"SA"开关拨至最下方处于打开状态时,投放器应处于打开状态	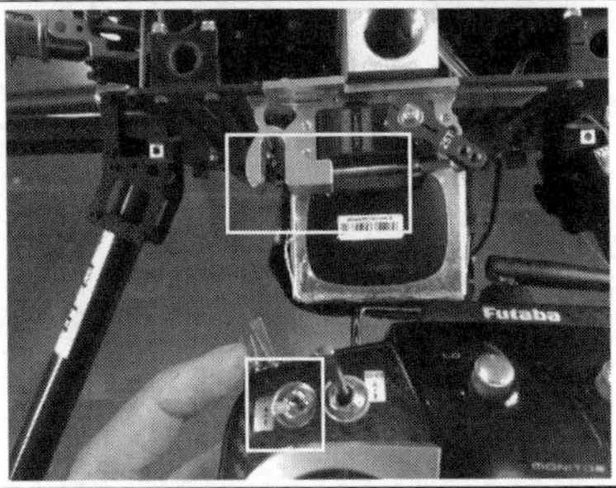

3.9.5　喊话器的地面操作与控制

喊话器地面操作与控制的操作说明及步骤见表 3-15。

表 3-15　喊话器地面操作与控制的操作说明及步骤

操作步骤	操作说明	示意图
1	在使用喊话器喊话时,首先将地面控制端连接完毕。安装好后,打开手持开关,此时电台会自动与喊话器连接。按下侧方按键即可开始喊话	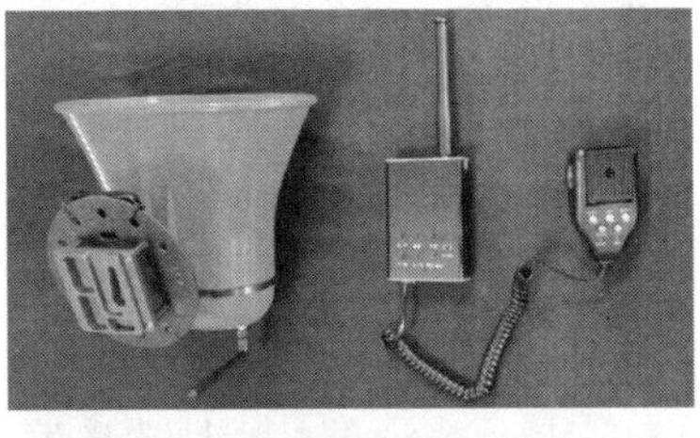
2	喊话器具有自动播放录制语音的功能。取消播放功能时点击"PLAY"即可。使用时注意电压不要过放	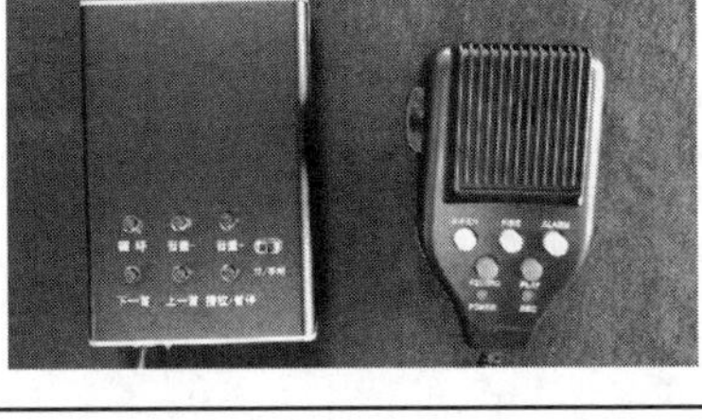

3.9.6　航拍无人机云台的安装

航拍无人机云台安装的操作说明及步骤见表 3-16。

表 3-16　航拍无人机云台安装的操作说明及步骤

操作步骤	操作说明	示意图
1	某厂商 S900 无人机自带减震套件，所以需要拆卸禅思 Z-15 云台自身佩戴的 4 个减震装置	
2	减震套件拆除后可顺利地将禅思 Z-15 云台安装在无人机预留的云台安装挂载件上	
3	连接时需要用规定的螺钉配合中强度螺钉将云台与云台挂载件连接，并确保安装牢固	
4	云台电机控制线预先连接 GCU 控制模块	
5	将 GCU 控制模块根据该云台的相关说明安装在相应的位置	
6	GCU 控制模块固定后，使用 CAN 线将 GCU 控制模块与飞控系统相连	

操作步骤	操作说明	示意图
7	使用 CAN 线将 GCU 控制模块连接至飞控系统	
8	将 GCU 云台控制模块与云台的执行机构(无刷电机)连接	
9	相机装入云台后,将相机与云台进行固定(选用专用的相机固定螺栓将相机固定)	
10	将云台集成的 HDMI 视频输出线与相机 HDMI 输出口连接	

3.9.7　机体中心的配平

机体中心配平的操作说明及步骤见表 3-17。

表 3-17　机体中心配平的操作说明及步骤

操作步骤	操作说明	示意图
1	将投放物安装至多旋翼无人机投放器上	

操作步骤	操作说明	示意图
2	安装电池至无人机电池板上	
3	用手指提起无人机中心位置	
4	观察无人机重心靠前还是靠后	
5	调整电池的前后位置（如若电池靠后，可调整电池的稍向前）	
6	再次提起无人机中心位置	
7	反复调整无人机电池前后位置，直至机体平衡	

3.9.8　无刷云台的机械平衡调试

无刷云台机械平衡调试的操作说明及步骤见表 3-18。

表 3-18　无刷云台机械平衡调试的操作说明及步骤

操作步骤	操作说明	示意图
1	安装相机至云台上。保证相机与云台的俯仰轴平行	
2	打开云台的相机快拆板锁扣	
3	打开云台俯仰轴锁扣	
4	通过调节相机的上下位置与前后位置使得相机可以保持平衡。这保证相机在俯仰动作时可以在任意一个位置保持平衡（调节完成后锁紧所有锁扣）	

操作步骤	操作说明	示意图
5	打开云台平移轴锁扣	
6	调节相机在平移轴上的位置，使得相机重心在平移轴中心。调整完成后相机在做横滚动作时可以在任意位置保持平衡（调节完成后锁紧所有锁扣）	
7	打开航向轴调节锁扣	
8	转动航向轴调节旋钮对航向轴进行平衡调节	

续表

操作步骤	操作说明	示意图
9	航向轴调节完成后,任意提起一边云台手柄,如果相机均能保持航向的锁定,表明调节成功(调节完成后锁紧所有锁扣)	 

3.9.9 光电吊舱的地面调试

光电吊舱地面调试的操作说明及步骤见表 3-19。

表 3-19 光电吊舱地面调试的操作说明及步骤

操作步骤	操作说明	示意图
1	设备连接:架设地面站设备、数传链路,安装任务载荷吊舱,并将所有设备通电开机	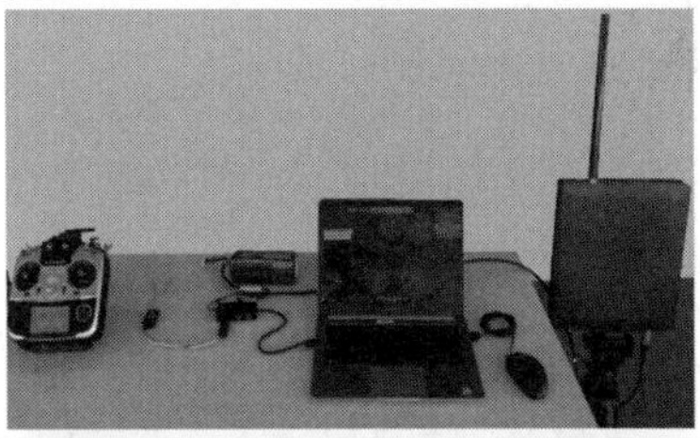
2	地面站程序配置:安装地面站软件和载荷设备控制软件,并下载相关串口驱动	
3	地面站参数设置:设置载荷设备参数,修改接收视频协议、端口等参数,修改识别功能文件路径,保存配置参数	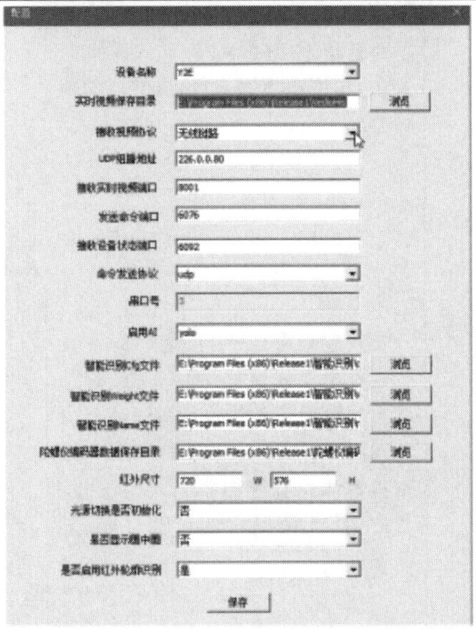

操作步骤	操作说明	示意图
4	10 倍光学摄像调试：进入实时监控界面，屏幕显示摄像头捕捉画面，可使用键盘控制画面上下左右移动和缩放	
5	红外摄像调试：切换红外摄像头实时监控界面，同样可使用键盘控制画面上下左右移动和缩放	
6	零漂微调：在载荷设备云台没有固定跟踪目标时，云台会出现小幅度视角移动现象，可用键盘反向操作进行零漂微调，保持云台稳定	
7	目标锁定测试：AI 智能跟踪可对火源、车辆等物体进行自动跟焦，物体移动时，云台自动保持跟随	
8	航线规划与任务：可在地面站飞行软件中规划航线，并根据载荷设备参数设置任务参数，调整行距、拍照间隔等，执行远距离监控任务时，可规划常规航线控制无人机飞行，并使用 AI 智能自动跟踪目标，至此调试结束	

【任务测评】

1. 简述云台减震的具体方法。
2. 简述云台调试软件的使用方法。

任务反馈：

参 考 文 献

[1] 符长青，曹兵．多旋翼无人机应用基础 [M]．北京：清华大学出版社，2017.

[2] 孙毅．无人机系统基础教程 [M]．西安：西北工业大学出版社，2020.

[3] 于坤林，陈文贵．无人机结构与系统 [M]．西安：西北工业大学出版社，2020.

[4] 孙毅，王英勋．无人机驾驶员航空知识手册 [M]．北京：中国民航出版社，2014.

[5] 鲁储生．无人机组装与调试 [M]．北京：清华大学出版社，2018.

[6] 远洋航空教材编写委员会．无人机飞行原理与气象环境 [M]．北京：北京航空航天大学出版社，2020.

[7] 顾诵芬．飞机总体设计 [M]．北京：北京航空航天大学出版社，2002.

[8] 王志瑾，姚卫星．飞机结构设计 [M]．北京：国防工业出版社，2007.

[9] 杨华宝．飞行原理与构造 [M]．西安：西北工业大学出版社，2016.

[10] 贾恒旦．无人机技术概论 [M]．北京：机械工业出版社，2018.

[11] 贾玉红．航空航天概论 [M]．3 版．北京：北京航空航天大学出版社，2013.

[12] 徐华舫．空气动力学基础 [M]．北京：国防工业出版社，1979.

[13] 陆元杰，李晶．多旋翼无人机的设计与制作 [M]．北京：电子工业出版社，2020.

[14] 彭程，白越．多旋翼无人机系统与应用 [M]．北京：化学工业出版社，2020.

[15] 于坤林．无人机维修技术 [M]．北京：航空工业出版社，2020.